Table des matières

Introduction

Parmi les modes de construction qui ont eu cours au fil de l'histoire, peu sont encore applicables tels quels. De même que l'industrie automobile n'a plus rien à apprendre des expériences accumulées pendant des siècles par les constructeurs de diligences, de même nous réjouissons-nous, gens du bâtiment, que le progrès technologique existe.

Cependant, si peu de mode de construction traditionnels sont encore en usage, il y a des exceptions. Ainsi cela fait-il environ 700 ans qu'a été inventée la scie à châssis, et que l'on réalise, avec les lames qu'elle découpe, des bardages rapportés.

Depuis, les choses n'ont au fond pas beaucoup changé : les techniques de découpe et de rabotage modernes ont certes permis de perfectionner profils, stabilité dimensionnelle et fixation des éléments de façade, mais elles ne les ont pas radicalement transformés. Les bardages se composent toujours d'un module de base, la lame, et d'un organe de fixation, le clou, souvent remplacé aujourd'hui par la vis ou l'agrafe.

Les bardages en bois sont toujours adaptés à notre époque et continuent d'offrir tout ce qui fait un bon revêtement de façade : ils ne consomment pas plus de matière qu'il n'en faut, résistent aux intempéries pendant un laps de temps raisonnable, permettent de nombreuses variations formelles, sont relativement faciles à poser et à remplacer et, dans le meilleur des cas, peuvent être brûlés ou recyclés après usage. Ils ne sont certes pas aussi durables que les parements en brique, mais se révèlent en revanche bien plus économiques et plus faciles à réaliser et à modifier.

La durabilité limitée des bardages en bois est souvent invoquée en leur défaveur. Mais pour combien de temps construisons-nous aujourd'hui ? Cent, cinquante ou vingt ans ? Sans doute plutôt vingt. Un tel horizon temporel pourra déconcerter certains maîtres d'ouvrage – d'autant qu'après ce laps de temps, nombre de bâtiments ne sont pas encore amortis. Et c'est bien là que réside le problème.

Si l'on admet qu'un bardage en bois coûte deux fois moins cher qu'un parement en brique et tous les éléments qu'il requiert (encadrements de portes et de fenêtres, linteaux, soubassement, etc.), on s'aperçoit que, si l'on plaçait l'argent ainsi économisé à un taux d'intérêt fixe de 4 %, on pourrait s'offrir un nouveau bardage après 18 ans déjà – et même après 15 avec un taux de 5 %. Et si l'on tient compte du crédit qu'il faut dans la plupart des cas honorer, l'échéance se réduit encore de deux à trois ans.

Lorsqu'on sait qu'il y a vingt ans, un mur extérieur laissait passer environ deux fois et demie plus de chaleur qu'aujourd'hui, on mesure à quel point les façades en brique érigées à l'époque isolaient mal. Or, quelles sont les solutions envisageables ? Les démolir ? Ou continuer de gaspiller de l'énergie ? Aucune de ces options ne paraît satisfaisante. Dans le cas d'une façade en bois, en revanche, il suffit de dévisser le bardage, de poser une meilleure isolation et de remettre les lames en place, après les avoir peut-être rafraîchies. Le chapitre 8 montre comment procéder. Car, en plus, on peut effectuer un tel travail soi-même : il faut assez peu d'outils et des échafaudages agréés peuvent se louer partout (en Allemagne à partir de 6 €/m^2 pour quatre semaines).

Le problème est dans les têtes. Si la construction a toujours été marquée par l'état de l'art et de la technique, les technologies en matière de matériaux et de montage tendent aujourd'hui à supplanter le savoir-faire artisanal. De fait, les profanes expérimentés sont aujourd'hui en mesure d'exécuter eux-mêmes des travaux qui restaient, il y a encore vingt ans, l'apanage d'artisans qualifiés. Pour poser un bardage en bois, il suffit d'une bonne scie à onglet, d'une perceuse, d'une visseuse électrique, d'un mètre pliant et d'un niveau à bulle.

Dans la construction de façades, l'enjeu n'est pas de coller aux dernières extravagances à la mode mais d'obtenir une enveloppe énergétiquement efficace. Au cours des dernières décennies, les systèmes n'ont cessé d'être perfectionnés, et les progrès technologiques se poursuivront, même si ce n'est plus de façon aussi fulgurante. La demi-vie des enveloppes est donc appelée à se réduire. Les améliorations porteront surtout sur l'isolation, sauf au niveau des façades sud, où les installations solaires passives – capteurs à air et autres systèmes d'isolation thermique transparente – fourniront, en combinaison avec des surfaces à haute transparence, une contribution efficace à la production d'énergie. Sur toutes les autres façades, les parois à haut niveau d'isolation seront revêtues de matériaux légers, économiques et faciles à mettre en œuvre – dont le bois sous toutes ses formes.

Mais trêve d'apologie. Les bardages en bois requièrent simplement une autre approche que les parements en brique ou les crépis.

Matériaux de façade			
Matériau	Poids spécifique kg/m²	Energie grise kWh/m²	Coûts spécifiques €/m²
Brique	200	92	100 - 130
Pierre naturelle	100	34	200 - 600
Fibrociment	18	39	70 - 90
Aluminium	18	86	150 - 200
Bois	15	17,5	50 - 80
Panneaux dérivés du bois	20	65	60 - 90

Tableau 0.1: Comparaison des matériaux de façade.

Bien entendu, la question de leur durabilité et de leur entretien se pose – et heureusement. Qu'on s'imagine seulement brûler d'un cœur léger son bardage vieux de dix ans pour revêtir sa maison d'un nouvel habit sur mesure, qui corresponde aux derniers progrès technologiques et confère au bâtiment une fraîcheur nouvelle !

L'auteur de ces lignes parle d'expérience. Il n'est pas question de préconiser la construction de maisons prêtes à jeter, mais bien de promouvoir une utilisation durable des ressources, en tenant compte des technologies et modes de vie actuels.

Encore faut-il cependant raisonner à une échelle de temps adéquate. Même si un matériau donné dure plus de vingt ans, sa fonctionnalité devient sujette à caution dès qu'il entrave le progrès technique. Est-il par exemple justifié d'attribuer à une façade en brique un facteur d'énergie primaire moins élevé sous prétexte que sa durée de vie est de 100 à 150 ans ? Ne devrait-on pas plutôt lui assigner, à partir du moment où des progrès sont réalisés en matière d'isolation thermique, un facteur de contribution au gaspillage d'énergie ?

Si l'on réfléchit en ces termes, les façades en bois se révèlent très intéressantes. Ainsi un bardage en bois non traité, que l'on pourra sans problème brûler après vingt ans, peut-il être considéré comme une véritable réserve de bois de chauffage, qui ne consomme d'énergie que celle – négligeable si on la rapporte à la durée d'utilisation du matériau – nécessaire au sciage et au rabotage des lames.

Dans ces conditions, votre maison pourra changer de (re)vêtement en toute bonne conscience.

1 Evolution historique des façades en bois

Jusqu'à l'invention du chemin de fer, on était contraint de collecter, extraire et transformer les matériaux de construction sur place. Le transport longue distance était réservé aux marchandises de luxe comme les épices.

De fait, les styles de construction régionaux étaient dans une large mesure déterminés par les matériaux disponibles localement: la pierre naturelle au Tessin, l'ardoise dans le Hunsrück et le Sauerland, le chaume et le roseau dans les régions côtières allemandes, la terre glaise – sous sa forme cuite: la brique – dans tout le nord de l'Allemagne, et le bois – d'abord fendu, puis scié – dans de nombreuses régions du monde. Matière aux multiples facettes, le bois peut travailler aussi bien en compression qu'en traction, ce qui en fait le seul matériau avec lequel puissent être réalisés *tous* les éléments d'un bâtiment, des parois aux toitures, en passant par les planchers et les revêtements de sol.

Autrefois, la réalisation de façades en bois était intimement liée à l'utilisation du bois comme matériau de structure. Toutes les constructions en bois étaient

1.1
Eglise finlandaise du XVIIIe siècle en bois debout. Jusqu'il y a peu, les bardages étaient souvent dotés, dans les pays nordiques, d'un revêtement à base de sang de bœuf et de chaux.

1.2
Façades en bois du XVIIIe siècle à Rauma, les plus anciennes de Finlande. Les dégâts dus aux intempéries étaient régulièrement réparés. Parfois, les bardages étaient davantage tenus par leurs revêtements successifs que par leurs organes de fixation.

dotées de façades elles aussi en bois. Aujourd'hui, cette interdépendance n'existe plus: certains bâtiments en bois sont dotés de parements de brique, tandis que d'autres, en construction massive, sont revêtus de bardages en bois ou en panneaux dérivés du bois.

Parmi les régions d'Europe où la construction en bois connaît une longue tradition, deux se distinguent tout particulièrement: la Scandinavie et l'espace alpin. Comme la forêt occupe parfois plus de la moitié de ces territoires, le matériau y pousse littéralement – statistiquement parlant – sur les terrains à bâtir.

On observe néanmoins une différence fondamentale dans la manière de traiter la surface du bois: alors que dans les pays scandinaves, on recourt en général à un revêtement superficiel coloré – comme le si caractéristique rouge à base de sang de bœuf et de chaux –, on trouve souvent dans les régions alpines, tout comme dans les pays d'Europe de l'Est, des bardages nature qu'on laisse grisailler avec le temps. Peut-être cette différence est-elle due au climat. En Scandinavie, en effet, le rayonnement solaire se révèle – surtout durant les mois d'hiver – bien moindre que dans les Alpes, de sorte que le bois ne sèche pas de lui-même et doit, pour durer quelque temps, être recouvert d'une couche protectrice.

Sans doute cela explique-t-il d'ailleurs aussi l'évolution selon laquelle les façades en bois sont en constant recul en Scandinavie, alors qu'elles ne cessent d'être perfectionnées dans les régions septentrionales de l'Arc alpin. C'est qu'il n'existe toujours aucun produit d'imprégnation capable de protéger durablement les bardages peints.

1.4 et 1.5 *à gauche, en haut et au milieu*
Tout n'était pas mieux autrefois: on commettait souvent des erreurs constructives, et l'on ne disposait pas toujours des matériaux permettant de réaliser des raccords durables. Il fallait chaque année remplacer, durant les mois d'hiver, les éléments endommagés.

1.6 *en bas à gauche*
Bâtiment d'exploitation en Suède centrale. Façade en bois sur soubassement en maçonnerie crépie. Le larmier qui termine le bardage est efficace – mais pas éternellement!

1.7 *en bas au milieu*
Jadis, il était tout naturel d'orner les façades d'éléments décoratifs. Beaucoup étaient cependant très exposés, et donc voués à une usure rapide. On veillait à les entretenir régulièrement et, au besoin, à les changer.

Bardeaux

Les plus anciennes façades en bardeaux de bois connues datent d'environ 6000 ans. Ainsi des restes de plaquettes de hêtre de cette époque ont-ils été retrouvés en Haute-Souabe. Les bardeaux connaissent aussi une longue tradition en Chine, au Japon et en Asie du Sud-Est, où subsistent encore de nombreux palais revêtus d'écailles de teck posées voici des siècles.

Ce n'est qu'au XIXe siècle que les clous, jusque-là forgés à la main, commencèrent d'être produits industriellement par façonnage à froid de fils de fer. Cela rendit la réalisation de revêtements de planches et de bardeaux bien plus facile et économique. A partir de cette époque se développèrent, dans différentes régions, de nouvelles traditions constructives où les bardeaux étaient mis en œuvre, tantôt à des fins décoratives (p. ex. bardeaux arrondis dans l'Allgäu, le Vorarlberg, la Suisse orientale, la Forêt-Noire et la Haute-Hesse), tantôt à des fins purement pratiques, sous forme de simples plaquettes rectangulaires.

Longtemps, les bardeaux furent aussi utilisés comme couverture. Les toits et façades en bardeaux étaient jadis ceux des pauvres gens. Dans bien des régions, le bois était disponible en abondance et fendre les billes à la hache représentait, en hiver, une activité relativement facile, qui changeait agréablement des rudes travaux qu'on accomplissait le reste de l'année. Au Moyen Age, le bardeau de bois était, avec le chaume et le roseau, le matériau de couverture le plus répandu. Comme la densité croissante des villes causait toutefois des incendies toujours plus dévastateurs, ces matériaux furent peu à peu supplantés, à partir du XVIe siècle, par la tuile de terre cuite, que l'on savait désormais fabriquer. Au début du XXe siècle, les couvertures en bardeaux perdirent pratiquement tout intérêt économique.

Dans les régions rurales et relativement pauvres comme la Forêt-Noire, l'Allgäu, la Forêt bavaroise ou l'Odenwald, la tradition des bardeaux s'est maintenue jusqu'à aujourd'hui.

1.8
Les revêtements en bardeaux requièrent beaucoup de travail et de matériau (les écailles présentent un recouvrement de 50 à 66% environ). Les éléments étant cependant de petite taille, les raccords sont assez faciles à exécuter.

1.9
Revêtement en bardeaux dans le Vorarlberg. A chaque étage, une corniche protège les fenêtres inférieures des intempéries. Les parties en saillie se caractérisent aussi par leurs différents degrés de grisaillement.

1.10
Bâtiment agricole doté d'un simple bardage en madriers. La fonctionnalité primait; on a utilisé les planches qu'on avait sous la main et remédié tout à fait spontanément aux défauts constructifs observés.

La renaissance des façades en bois

Après la Seconde Guerre mondiale, les façades furent encore plus rarement construites en bois. D'une part on préférait, en effet, employer des matériaux durables et nécessitant peu d'entretien – sans compter que la brique était plus apte à exprimer le prestige auquel aspirait la bourgeoisie. D'autre part, la densité croissante des constructions et les étincelles produites par le chauffage à poêle augmentaient les risques d'incendie. Et comme ce n'est que vers la fin du XXe siècle que les assurances incendie se montrèrent prêtes à fixer, pour les bâtiments à façades en bois, des primes comparables à celles liées aux édifices à façades massives, les premiers restèrent longtemps très marginaux – à l'exception des bâtiments agricoles qui, pour des raisons évidentes, avaient toujours été construits en bois.

Il fallut attendre le mouvement écologiste des années 1980 pour que les façades en bois connaissent une renaissance, sous la forme de constructions à ossature bois et d'enveloppes énergétiquement efficaces. Les concepts traditionnels furent remis en question et de nouvelles manières de construire furent développées pour répondre aux exigences du développement durable. Dans ce contexte, les bardages en mélèze non traité ne jouèrent certes qu'un rôle modeste, mais ils devinrent vite le symbole d'une construction respectueuse de l'environnement.

Plaidaient en faveur des façades en bois plutôt qu'en brique leur fonctionnalité, leur moindre coût, la prise en compte délibérée du vieillissement, la biodégradabilité du matériau et l'abandon des ambitions traditionnelles en matière d'autoreprésentation. Les bâtiments qui en ont résulté ne sont pas tous des chefs-d'œuvre, beaucoup étant aujourd'hui qualifiés d'«architecture écolo». On souhaiterait cependant souvent retrouver la passion et l'esprit pionnier qui animaient cette génération de maîtres d'ouvrage et d'architectes! Le changement social dont ces maisons reflètent l'espoir, ne s'est hélas pas accompli.

1.11
Maison écologique du début des années 1980, avec grand jardin d'hiver et bardage en mélèze non traité. Si l'on commettait encore, à l'époque, beaucoup d'erreurs de conception et d'exécution, ces expériences étaient indispensables. Malgré les défauts objectifs de ces maisons, leurs propriétaires s'y sont bien davantage identifiés et attachés que dans le cas de bâtiments traditionnels.

2 Comportement physique des façades en bois

Qu'elles soient dues aux changements de température, aux précipitations, au rayonnement solaire ou à la diffusion de l'humidité, les sollicitations physiques auxquelles est soumise une façade en bois sont en principe les mêmes que pour n'importe quel autre type de façade. Toutefois, les variations climatiques saisonnières et journalières y entraînent des écarts d'humidité et de température plus importants que dans les façades massives en pierre. Aussi la conception d'une façade en bois requiert-elle plus d'attention que celle d'une façade minérale.

Ventilation

A l'exception de la construction traditionnelle en madriers, les façades en bois entrent dans la catégorie des *façades ventilées*, par opposition aux *façades non ventilées* dont relèvent par exemple les systèmes d'isolation thermique par l'extérieure (ITE) ou les maçonneries à double paroi sans lame d'air intermédiaire.

La ventilation de la façade doit permettre au bois de sécher régulièrement. En effet, une façade en bois n'est pas seulement exposée à la pluie chassée et à la condensation externe, mais aussi à la diffusion, de l'intérieur vers l'extérieur, de la vapeur d'eau contenue dans l'air ambiant. Les deux phénomènes provoquent une augmentation de l'humidité du matériau. Or, un bois imbibé d'eau en permanence risque de pourrir ou, à tout le moins, de donner lieu au développement de champignons ou d'algues.

On considère qu'une lame d'air de 2 cm entre le revêtement et la construction qu'il protège suffit à produire un mouvement de convection efficace. Une autre fonction de ce vide intermédiaire est de permettre l'évacuation de l'eau ayant pénétré derrière le revêtement.

Humidité

Le bois est un matériau hygroscopique qui, à la différence des matériaux de façade minéraux, réagit aux variations d'humidité propre (humidité d'équilibre du bois) en gonflant ou en se rétractant de façon plus ou moins prononcée. L'humidité peut avoir plusieurs sources :

- la pluie (chassée), la neige, la grêle ;
- une humidité relative élevée ;
- le rejaillissement ;
- la condensation.

L'humidité d'équilibre du bois désigne la teneur en eau qui s'y établit à un taux d'humidité ambiante donné. Durant la saison froide, le bois en façade absorbe

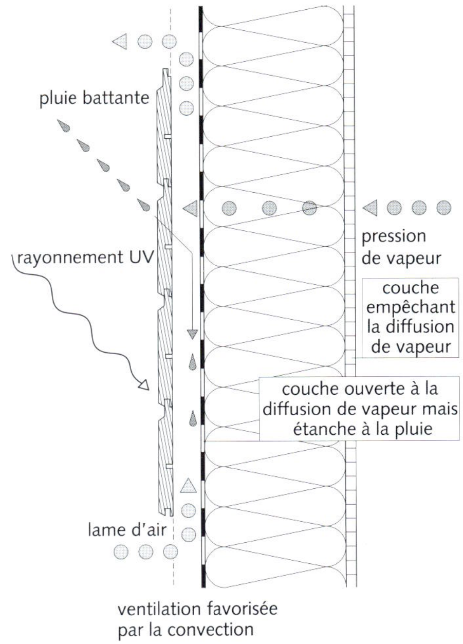

2.1 *en haut à droite*
La ventilation d'une façade a deux fonctions : permettre l'égouttement de l'eau de pluie qui a traversé le bardage et empêcher les dépôts d'humidité. Dans la lame d'air, qui communique en haut et en bas avec l'atmosphère extérieure, la convection assure l'évacuation de l'humidité qui s'infiltre depuis l'extérieur comme de celle qui se diffuse depuis l'intérieur.

Humidité d'équilibre selon la norme SIA 265 : 2012	
Application	Taux d'humidité [%]
Ouvrages entièrement fermés avec chauffage sans chauffage	 9 ± 3 12 ± 3
Ouvrages couverts mais ouverts	15 ± 3
Constructions exposées de tous côtés aux intempéries	18 ± 6

Tableau 2.1
Taux d'humidité du bois caractéristiques selon le contexte où le matériau est mis en œuvre.

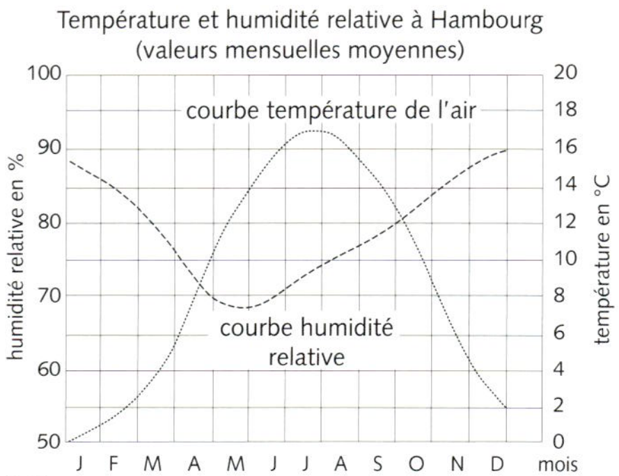

2.2
Températures extérieures et taux d'humidité de l'air au cours de l'année (valeurs mensuelles moyennes pour Hambourg).

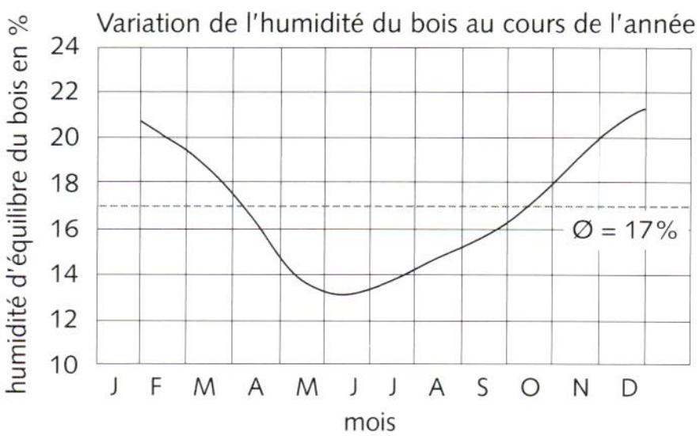

2.3
Variations du taux d'humidité dans une façade en bois au cours de l'année. Il est presque deux fois plus élevé en hiver qu'en été.

de plus grandes quantités d'humidité (sa teneur en eau peut atteindre 25%), qu'il reperd ensuite durant la saison sèche. Par ailleurs, le taux d'humidité des éléments en bois très exposés au soleil peut baisser jusqu'à moins de 10%. Ces variations provoquent tantôt le gonflement, tantôt le retrait du matériau, avec le risque de fissuration qui en résulte presque toujours pour les planches d'une certaine largeur.

De telles fissures, parallèles au fil du bois, ne compromettent pas tout de suite la protection qu'offre le bardage contre les intempéries: comme elles se produisent souvent au niveau des fixations, elles y causent d'abord des défauts de nature visuelle. Aux extrémités des lames, toutefois, il finit par se former des fentes où l'humidité peut s'infiltrer et, à terme, provoquer le pourrissement du bois.

De manière générale, plus l'humidité du bois est élevée, plus le risque augmente que le matériau soit attaqué par des micro-organismes. En outre, le bois devient plus tendre, ce qui favorise l'abrasion superficielle et le lessivage de certains composants du matériau (p. ex. la lignine). La surface du bois devient par conséquent plus rugueuse et, partant, plus sujette aux salissures et à la dégradation biologique.

2.4 *à gauche*
Bardage vieux d'environ 15 ans dans une maison mitoyenne à Bregenz. On distingue nettement les fissures apparues au niveau des fixations – fissures d'autant plus importantes que les lames n'ont pas été prépercées et que la distance entre les organes de fixation et les bords et extrémités des lames est insuffisante.

2.5 *à droite*
Fissuration due au retrait dans un bardage à clins. Plus les planches sont larges et plus l'humidité du bois est élevée au moment de la mise en œuvre, plus il y a de risques que des fissures se produisent dans le fil du bois. La plupart des systèmes de revêtement ne permettent pas de recouvrir de telles fissures.

Formation de moisissure

Le développement de moisissure sur les façades en bois non exposées au soleil et sur la sous-face des avant-toits est devenu un problème très répandu. Une humidité durable provoque le bleuissement du bois et la formation de champignons qui peuvent aller jusqu'à détruire le matériau.

En hiver, une cause caractéristique de moisissure est le fort refroidissement de la façade et la condensation qui en résulte, le phénomène pouvant être renforcé du

fait d'une protection insuffisante du bois et de l'emploi d'essences inadaptées, offrant un riche substrat aux champignons. Le pin maritime, le bouleau et le hêtre ne devraient pas être mis en œuvre à l'extérieur. Des essences de classes de résistance supérieures, comme le mélèze ou le douglas conviennent mieux dans ce cas. S'il fait toutefois très humide, même de tels bois ne résistent pas aux attaques biologiques, raison pour laquelle les revêtements appliqués aux endroits les plus exposés devraient contenir des substances fongicides. Les revêtements foncés sont moins sujets aux moisissures que les clairs.

Température

Du fait de sa faible masse volumique (environ 500 – 800 kg/m³), le bois est un mauvais conducteur de chaleur. Sa conductivité thermique varie selon l'essence, l'humidité du bois, le sens des fibres et la température. Comparées au gonflement et au retrait liés aux variations d'humidité, les dilatations dues aux changements de température sont négligeables. Le bois présentant (à la différence de la brique) une faible conductivité et une faible inertie thermiques, les surfaces foncées et très exposées au soleil peuvent atteindre des températures allant jusqu'à 80°C.

Températures superficielles de divers bardages en bois

N° RAL	Couleur	°C	Nuance
9001	Blanc crème		
1004	Jaune or	40 - 50	claire
1015	Ivoire clair		
2002	Orangé sang	50 - 65	moyenne
3000	Rouge feu		
3003	Rouge rubis		
5007	Bleu brillant		
5010	Bleu gentiane		
6011	Vert réséda		
7001	Gris argent	65 - 80	foncée
7011	Gris fer		
7031	Gris bleu		
8003	Brun argile		
9005	Noir profond		
Lasures			
Incolore, brun clair, chêne		50 - 60	claire
Rouge moyen, brun moyen, teck		60 - 70	moyenne
Noisette, brun foncé, anthracite		70 - 80	foncée

Tableau 2.2 *à gauche*
Températures superficielles de bardages en bois de différentes couleurs.
Source : BFS, fiche technique n° 18

2.6 *en haut*
Formation de moisissure noire sur un bardage en mélèze orienté à l'est. Les lames horizontales sèchent moins bien et sont donc beaucoup plus vulnérables que celles, verticales, de la façade nord.

2.7 *au milieu*
Formation de moisissure sur un panneau dérivé du bois. Les façades peu exposées au soleil et au vent sont très sujettes aux attaques biologiques.

2.8 *en bas*
Bardage d'un bâtiment portuaire. L'alternance de soleil et d'intempéries finit par lessiver le bois et par entraîner l'apparition de fissures sur une grande partie de sa surface.

De telles augmentations de température font sécher le bois plus rapidement et en abaissent par conséquent l'humidité d'équilibre. Ce processus peut provoquer d'importantes fissures, en particulier dans les façades orientées au sud et à l'ouest.

Pour réduire ce risque, il est souvent recommandé d'acclimater les lames de bardage, avant de les traiter, au taux d'humidité auquel elles seront exposées une fois mises en œuvre. Cela ne se révèle toutefois guère possible dans la pratique, car l'humidité effective change en fonction des variations du (micro-)climat qui surviennent au niveau de la façade.

Les fissures se produisent surtout dans le sens des fibres et entre les différents cernes. Outre les défauts visuels qui peuvent en résulter, le risque est que l'humidité et les micro-organismes accélèrent le pourrissement du bois au niveau des fentes.

Les panneaux dérivés du bois (p. ex. les panneaux de contreplaqué ou à trois plis) se fendillent aussi au niveau des placages extérieurs mais, du fait du collage, les fissures n'atteignent pas les plis intermédiaires. Plus les variations de température et d'humidité sont importantes et fréquentes, plus le bois travaille, ce qui favorise la formation de fissures et requiert un entretien beaucoup plus régulier des bardages.

2.9
Le bardage noir de la maison de l'auteur illustre bien l'un des conflits auxquels on est souvent confronté quand on construit : d'un côté, l'attrait d'une couleur élégante ; de l'autre, l'entretien plus régulier que requièrent les sollicitations thermiques accrues qui en résultent. L'important est de faire son choix en toute connaissance de cause.

Rayonnement global

La lumière du soleil – en particulier le rayonnement à ondes courtes, riche en énergie – exerce une influence déterminante sur la manière dont la surface du bois vieillit et dont le matériau se dégrade. Avec une longueur d'ondes de 75 µm au maximum, le rayonnement UV pénètre moins profondément dans le bois que la lumière visible (200 µm) ; il est donc absorbé dès la surface, la lignine subissant ici une dégradation beaucoup plus forte que la cellulose. En même temps, le degré de polymérisation de la cellulose diminue sensiblement, ce qui amoindrit la résistance du bois à la traction. Ce processus ne compromet toutefois pas la fonction protectrice des éléments de bardage.

Sous l'effet prolongé de la lumière, la surface du bois se rapproche de la couleur argentée de la cellulose et, à mesure qu'elle se salit (ce qui est inévitable sur la durée), elle devient grise. Ce grisaillement si caractéristique dépend toutefois de l'orientation de la façade et du degré de dégradation de la lignine qui en résulte. Avec le temps, le grisaillement s'accentue du fait du développement de micro-organismes.

Une fois devenues grises, les différentes essences – épicéa, mélèze, chêne – ne présentent que des différences de couleurs minimes, pratiquement impossibles à déceler au premier coup d'œil. Si le bois est doté d'un revêtement superficiel, la nature de ce dernier influera sur la dégradation photochimique du matériau. Si le revêtement n'offre pas de protection suffisante contre le rayonnement UV, comme c'est par exemple le cas des produits d'imprégnation transparents, cela conduit à la dégradation, et de la lignine, et du revêtement lui-même, qui peut alors se détacher de la surface du bois. L'absence d'absorbeur UV dans les revêtements superficiels transparents peut entraîner la destruction de la surface du bois même si le revêtement proprement dit reste quelque temps intact.

Vent

En projetant la pluie contre les éléments verticaux, le vent accroît le niveau d'humidité auquel ceux-ci sont exposés et favorise l'infiltration de cette humidité dans le bois.

De plus, les poussières que transporte l'air agissent sur la surface du matériau et accélèrent l'érosion du bois initial. Le *bois initial* ou de printemps (par opposition au *bois final* ou d'été) se forme au début de la période de croissance et se compose d'un tissu assez lâche, qui favorise le transport d'eau et de minéraux. La sollicitation de la surface dépend dans une large mesure de la direction principale du vent. Dans beaucoup de régions, ce sont les façades orientées à l'ouest qui sont les plus exposées à la pluie chassée. Il existe une relation directe entre la direction du vent, le changement de couleur et le vieillissement de la surface du bois. Il n'est pratiquement pas possible de protéger durablement les éléments en bois très exposés.

Pollution atmosphérique

Les pollutions qui agissent sur le bois sont dues aux particules de différente taille, aux solutions aqueuses et aux gaz volatils que contient l'air. La pollution atmosphérique varie d'une région à l'autre. Du fait des activités industrielles et du trafic, elle est plus importante dans les villes qu'à la campagne. Plus la surface du bois est rugueuse (p. ex. dans le cas des planches non rabotées), plus elle sera salie et colorée par les particules de poussière. En cas de forte exposition au vent, il y aura sans doute abrasion de la surface du bois et du revêtement superficiel. Ce processus, qui agit sur la durée, peut être simulé par un bref sablage.

2.10
Formation d'algues sur une façade nord. Si les algues se concentrent sur le bord inférieur des lames, c'est qu'il s'y accumule davantage de saleté et, partant, d'humidité. Du fait de leur section biseautée, les lames – en l'occurrence non jointives – présentent une arête inférieure vive. Comme c'est ici que les lames restent humides le plus longtemps, il faut s'attendre à ce que la peinture s'y écaille.

2.11
Lorsqu'elle est trop proche, la végétation accroît l'humidité de l'air au niveau de la façade. Comme elle protège en même temps du vent, elle empêche aussi la convection qui ferait sécher la façade.

2.12
Formation d'algues sur un bardage à rainures et languettes. L'apparition d'algues au niveau du soubassement est due au rejaillissement de la pluie tombant sur les dalles de pierre. La hauteur du soubassement est insuffisante. Un lit de gravier réduirait considérablement le rejaillissement.

Durée de réchauffement sous l'effet du rayonnement			
Matériau de façade	Hiver	Printemps/automne	Eté
Pierre	Faible réchauffement, la forte inertie thermique n'entraîne qu'une faible augmentation de température	Lent réchauffement le matin, température de rayonnement inférieure à la température de l'air	Agréablement chaud en journée et en soirée
Bois	Réchauffement rapide, forte réflexion, d'où possibilité de séjourner devant la façade après une courte période d'exposition au soleil	Rapide réchauffement le matin, température de rayonnement souvent supérieure à la température de l'air	Eventuellement trop chaud en journée, refroidissement rapide le soir

Tableau 2.3
Comparaison entre le microclimat qui règne au niveau d'une façade en bois et d'une autre en pierre. Il est possible d'influer sur ce microclimat en jouant sur le matériau de façade et l'inertie thermique d'une éventuelle terrasse.

2.13
Toile d'araignée contre une façade en bois. Les hautes températures superficielles et la faible conductivité thermique du bois créent des conditions idéales pour les petits animaux.

D'un autre côté, plus l'air est pur, plus il y a de risques que des algues se développent sur les façades exposées à l'humidité. Cette dernière peut être due, soit à une protection insuffisante contre les intempéries, soit à une fréquente condensation.

Du fait de la faible inertie thermique du matériau, la condensation se produit (surtout de nuit) sur la face extérieure du bois. Si la façade est bien isolée, on n'observe pratiquement aucun flux de chaleur de l'intérieur vers l'extérieur – ce qui est d'ailleurs réjouissant.

Microclimat au niveau des façades

Si l'on compare une façade en bois avec une autre en brique, on observe, du fait de leur différence de masse (celle en brique présente une capacité thermique massique 12 à 15 fois supérieure), les phénomènes suivants :

En raison de sa forte inertie thermique, une façade en brique se réchauffe très lentement sous l'effet du rayonnement solaire et met aussi du temps à restituer – en fonction de la température extérieure – la chaleur accumulée. A l'inverse, une façade en bois se réchauffe et se refroidit rapidement. Il en résulte que, durant la saison froide, la température superficielle de la façade et – du fait du rayonnement thermique – la température de l'air au voisinage sont, de jour, plus élevées pour une façade en bois qu'en brique. Tout le monde s'est déjà tenu devant un chalet par une belle journée d'hiver. Le soleil réchauffe la surface foncée du bois, qui réfléchit à son tour cette chaleur, de sorte que l'on peut rester assis devant le chalet – avec la chaleur dans le dos – sans être trop habillé. En été, c'est l'inverse : les façades en brique accumulent la chaleur du soleil jusque dans la nuit, de sorte que l'on peut rester assis devant tard le soir, alors même que l'air s'est déjà sensiblement rafraîchi.

Le fait que les températures soient, en moyenne annuelle, plus élevées au niveau des façades en bois a une autre conséquence encore : les petits animaux se sentent très bien contre elles, et mieux encore dans le vide de ventilation, protégé du vent par le bardage. Même la pose d'une grille anti-insectes ne permet pas de l'éviter. Les insectes sont en revanche moins enclins à se loger derrière un *bardage à claire-voie* (voir chap. 4), où la convection est plus importante.

3 Matériaux

Exigences applicables aux bois employés en façade

La norme DIN 50010-1 définit différentes classes de sollicitation et la norme EN 335-1 différentes classes d'emploi, décrivant les conditions climatiques et les sollicitations auxquelles sont exposés les bois et, plus généralement, les éléments de façade.

Exposition et durabilité des bois

Compte tenu des multiples façons dont le bois peut être mis en œuvre, il est nécessaire de définir, dans chaque cas, quels sont les risques de pourrissement et quelle doit être la durabilité du matériau. La norme EN 350-2 définit, à cet égard, cinq classes (tableau 3.2).

La durée d'utilisation du bois peut être considérablement augmentée par des mesures de préservation constructives et/ou chimiques. Cette durée d'utilisation dépend cependant, même sans protection constructive, de l'humidité ambiante, de l'humidité que le bois absorbe directement (du fait de la qualité de sa surface et de la direction dans laquelle il est posé) ainsi que des micro-organismes présents dans le voisinage. Si le bois est à l'abri des sollicitations (p. ex. de la pluie chassée), sa durée de vie en sera sensiblement allongée.

Classes de sollicitation selon la norme DIN 50010-1		
Classe de sollicitation	**Description**	**Exemples**
Climat extérieur	Les éléments de façade sont à l'abri des influences météorologiques directes (rayonnement solaire, précipitations et vent), mais exposés aux variations d'humidité et de température.	Façades de loggias ou façades doublées d'un vitrage
Climat air libre I	Les éléments ne sont que peu protégés des influences météorologiques.	Façades des bâtiments comptant jusqu'à trois niveaux
Climat air libre II	Le climat agit sans entrave sur les éléments. Les éventuels grains de sable transportés par le vent ont un effet abrasif supplémentaire.	Sont p. ex. soumis à des sollicitations climatiques extrêmes les bâtiments de ≥ 3 niveaux, et ceux de ≤ 3 niveaux lorsqu'ils sont particulièrement exposés (p. ex. climat marin).

Tableau 3.1 : Classes de sollicitation selon la norme DIN 50010-1.

Classes d'emploi selon la norme EN 335-1		
Classe d'emploi	**Exemples de mise en œuvre**	**Classe de durabilité requise**
1	Sans contact avec le terrain, à couvert, toujours au sec (éléments intérieurs, p. ex. planchers, meubles)	5 ou meilleure
2	Sans contact avec le terrain, à couvert, humidification occasionnelle possible (éléments intérieurs avec humidité ambiante élevée ou dans pièces d'eau avec revêtement hydrofuge, éléments extérieurs non directement exposés aux intempéries)	3 ou meilleure 4 et 5 : à traiter le cas échéant
3	Sans contact avec le terrain, à ciel ouvert (éléments extérieurs exposés aux intempéries sans contact avec le terrain et l'eau, éléments intérieurs dans pièces d'eau)	2 ou meilleure 3 : à traiter le cas échéant 4 et 5 : à traiter
4	Contact avec le terrain ou l'eau douce (éléments extérieurs en partie ou complètement enterrés ou noyés dans le béton, éléments immergés)	1 2 : à traiter le cas échéant 3 à 5 : à traiter
5	Contact avec l'eau de mer (constructions portuaires, génie littoral, tours de refroidissement)	1 2 à 5 : à traiter

Tableau 3.2 : Classes d'emploi selon la norme EN 335-1 et classes de durabilité correspondantes selon la norme EN 350-2.

Caractéristiques	Lames avec revêtement	Lames non traitées
Taille des nœuds	jusqu'à ¼ de la largeur de la lame, selon le type de nœud (nœud tranchant)	jusqu'à ¼ de la largeur de la lame
Nœuds partiellement adhérents ou tombants	non admissibles	non admissibles
Entre-écorce	non admissible	non admissible
Obturation des nœuds au moyen de bouchons	admissible à certaines conditions	non admissible
Poches de résine	admissibles à certaines conditions	non admissibles
Fentes	non admissibles	fissures superficielles admissibles
Moelle	non admissible	non admissible
Bois de réaction (coloration brun-rouge de la structure du bois)	admissible jusqu'à 20% de la section ou de la surface	admissible jusqu'à 20% de la section ou de la surface
Attaques de champignons et d'insectes	non admissibles	non admissibles

Tableau 3.3 : Exigences qualitatives applicables aux lames avec revêtement superficiel et aux lames non traitées mises en œuvre en façade. Source [3]

Quelques définitions

Revêtement
Lames ou panneaux dérivés du bois fixés – avec ou sans lattage – contre les parois, les plafonds ou les planchers. Ces éléments ne sont ni porteurs, ni raidisseurs.

Revêtement travaillant
Lames ou panneaux dérivés du bois fixés sur une ou sur les deux faces d'une ossature (lisse haute, lisse basse et montants) pour la fermer et la contreventer.

Revêtement superficiel
Produit à fonction protectrice et/ou décorative, appliqué en une ou plusieurs couches (peinture, lasure, laque, badigeon, etc.).

Couche ouverte à la diffusion de vapeur
Couche composée de panneaux dérivés du bois ou de lés (film) présentant une valeur $s_d \leq 0{,}3$ m.

Lé de façade
Film ouvert à la diffusion de vapeur présentant une valeur $s_d \leq 0{,}3$ m. Si les lames ou panneaux de bardage sont non jointifs, le film devra être résistant aux UV.

Joint
Surface de contact ou espace entre deux éléments contigus.

Lame à chanfrein
Lame rabotée à rainure et languette, dont les arêtes visibles sont chanfreinées à 45°.

Clin
Lame brute de sciage ou rabotée composant un bardage horizontal à recouvrement. Les clins peuvent être dotés de feuillures. Leur section peut s'affiner de bas en haut (profils cunéiformes).

Bardage bouveté
Bardage composé de lames assemblées à rainure et languette.

Bardage à fausse claire-voie
Bardage bouveté dont les lames sont chanfreinées et où chaque languette se prolonge pour créer un joint d'ombre.

Bardage à claire-voie
Bardage ajouré formé de lames non jointives.

Lattage
Ensemble de lattes parallèles, fixées au mur extérieur à intervalle régulier, sur lesquelles est fixé le revêtement. Le lattage peut être doublé, si la ventilation du revêtement l'exige, d'un contre-lattage perpendiculaire.

Organes de fixation
Pièces servant à fixer les éléments de revêtement sur le lattage.

Acier inoxydable selon la norme EN 10088-1
Produits du groupe de matériaux 1.4302

Grille anti-rongeurs
Dispositif servant à maintenir à l'écart souris et autres petits animaux.

3.1 Essences, qualité, profils

Essences

Si de nombreuses essences de résineux indigènes se prêtent à la construction de bardages, l'emploi de bois de feuillus est plus rare.

Sont des essences de résineux appropriées : l'épicéa, le sapin, le mélèze, le douglas et le cèdre rouge. Parmi les essences de feuillus, le chêne, le châtaignier et le robinier entrent certes en ligne de compte, mais ils ne sont pratiquement jamais employés.

Ci-après sont présentées, en style télégraphique, les essences les plus couramment utilisées en bardage (source : www.holz-technik.de, où l'on trouvera des descriptions très détaillées, voir également www.lignum.ch).

3.1
Maison allemande de l'immigration à Bremerhaven. Avec ses 907 m² de mélèze non traité, ce bâtiment présente l'une des plus grandes façades en bois d'Allemagne.

Epicéa

Cœur non coloré, bois final jaune rougeâtre, bois initial d'abord jaunâtre plus clair, puis jaune brun. Bois souvent traversé par des canaux à résine, se rétractant modérément lors du séchage, peu sujet à la fissuration et au voilement. Bonne résistance mécanique et bonne stabilité dimensionnelle. Facile à fendre, scier, raboter, fraiser, percer, poncer, trancher et dérouler, ainsi qu'à clouer et visser. Peut être teint, lasuré et peint, mais se prête mal à l'imprégnation sous pression. Moyennement résistant aux intempéries. Non résistant aux attaques de champignons et d'insectes.

Sapin

Pas de séparation nette entre aubier et duramen, tous deux blanchâtres avec des reflets jaunâtres ou rougeâtres. Bois final clairement distinct. Bois présentant de grosses fibres, un fil droit et des veinures assez fines et régulières. Se rétracte peu et sèche facilement et rapidement, avec un faible risque de fissuration et de voilement. Exempt de résine, facile à usiner (avec toutefois de légères déchirures lors du rabotage), facile à trancher, dérouler et fendre. Non résistant aux intempéries et sujet aux attaques de champignons et d'insectes.

3.2
Les bois imprégnés en autoclave ne sont conformes à la classe de durabilité 1 que si aubier et duramen sont complètement imprégnés. Dans la pratique, toutefois, on n'imprègne souvent que l'aubier, car le duramen de la plupart des essences absorbe très mal les produits de préservation (EN 350-2) ; celui-ci conserve cependant sa résistance naturelle.

Résistance du duramen aux attaques de champignons

N°	Essence (nom scientifique)	Résistance du duramen[1)]	Remarques
1	Douglas (Pseudotsuga menziesii)	3 (EN 350-2) 3-4 (EN 350-2)	Issu d'Amérique du Nord, cultivé en Europe. Si imprégné en autoclave même pour classe d'emploi 4 Pour les bois de culture, imprégnation recommandée pour classe d'emploi 3.
2	Epicéa (Picea abies)	4	Réagit avec inertie à l'humidification. Essence la plus utilisée pour le bois lamellé-collé.
3	Pin (Pinus sylvestris)	3-4	Riche en résine, aubier facile à imprégner. Si imprégné en autoclave même pour classe d'emploi 3 et 4.
4	Mélèze (Larix decidua)	3 + 4	Riche en résine, duramen sans aubier employable même pour classe de risque 3. Si forte proportion d'aubier, imprégné en autoclave même pour classe de risque 4.
5	Sapin (Abies alba)	4	Réagit avec inertie à l'humidification. Parfois utilisé pour bois lamellé-collé. Si imprégné en autoclave même pour classe d'emploi 3 et 4.
6	Chêne rouge d'Amérique (Quercus rubra)	4	Peut être confondu avec le chêne européen. Non adapté pour les éléments extérieurs et donc à exclure dans les offres. Test d'identification : ne se colore pas sous l'effet de 5% $NaNO_2$, ou brunit légèrement.
7	Chêne (Quercus robur et petraea)	2	Certains composants ont un effet corrosif sur les métaux et peuvent salir les façades. Dans les offres, demander expressément du chêne européen (voir n° 6). Test d'identification : devient brun noir sous l'effet de 5% $NaNO_2$.
8	Robinier (Robinia pseudoacacia)	1-2	Disponibilité réduite pour pièces de grandes dimensions. Délais de livraison assez longs. Certains composants ont un effet corrosif sur les métaux et peuvent salir les façades.
9	Afzelia	1	Bois d'importation. Très résistant, convient donc bien pour les éléments exposés aux intempéries.
10	Azobé (Bongossi)	2 v (EN 350-2)	Bois d'importation. Supporte très bien le contact avec l'eau. Un large bois intermédiaire entre aubier et duramen n'a qu'une durabilité naturelle de 3. Fil tors.
11	Teck	1 1-3	Bois d'importation. Le bois issu de plantations n'a pas toujours la même durabilité naturelle que celui issu de la forêt vierge.

[1)] Résistance du duramen aux attaques de champignons : 1 = très résistant ; 2 = résistant ; 3 = moyennement résistant ; 4 = peu résistant ; 5 = non résistant.
Pour l'aubier, on partira du principe que la classe de résistance est de 5.
v = degré particulièrement élevé de variabilité.

Tableau 3.4
Quelques essences et leurs propriétés.

Pin

Duramen jaune rougeâtre, tirant ensuite sur le brun rouge. Aubier blanc jaunâtre à rougeâtre. Bois final plus foncé et clairement délimité d'un côté. Bois présentant des canaux à résine et se rétractant modérément lors du séchage. Risque de bleuissement. Facile à scier, raboter, fraiser et percer. Peut être tranché et déroulé. Moyennement résistant aux intempéries. Aubier non résistant aux attaques de champignons et d'insectes.

Pin imprégné en autoclave

Imprégné en autoclave, le pin peut atteindre la classe de résistance 1, mais seulement si le duramen est complètement imprégné. On n'imprègne souvent que l'aubier, le duramen absorbant mal le produit de préservation. Si les lames sont plus tard peintes dans des tons clairs ou transparents, la nuance verdâtre ou brunâtre de l'imprégnation transparaîtra.

Mélèze

Duramen brun rougeâtre, fonçant avec le temps. Aubier plutôt jaunâtre. Bois final plus foncé, d'une largeur moyenne, clairement délimité des deux côtés. Canaux à résine plus fréquents que dans le pin. Bois ne se rétractant que modérément lors du séchage et peu sujet à la fissuration et au voilement. Bonne stabilité dimensionnelle et assez bonne résistance aux acides. Bois facile à scier, fraiser, raboter, percer et poncer. Peut être tranché et déroulé, mais risque de se fendre.

Moyennement résistant aux intempéries et peu sujet aux attaques de champignons et d'insectes.

Mélèze de Sibérie

Bois présentant des cernes plus resserrés que le mélèze d'Europe centrale, et donc beaucoup plus résistant aux intempéries. Structure variée avec de grands nœuds. Aubier jaunâtre, duramen brun rougeâtre. A l'extérieur, le mélèze non traité ou traité sans couleur grisaille rapidement. Peut être mis en œuvre sans traitement de préservation. Sujet à la fissuration, au gauchissement et aux écoulements de résine – même après mise en place.

Douglas

Aubier étroit, allant du presque blanc au gris jaunâtre. Duramen allant du brun jaunâtre au brun rouge, et fonçant lentement. Bois final plus foncé et clairement délimité des deux côtés. Canaux à résine très marqués. Se rétracte modérément lors du séchage, présente une bonne stabilité dimensionnelle et se fissure et se voile peu. Le douglas européen, qui présente de larges cernes, est plus difficile à usiner et se montre assez résistant aux acides. Bois riche en résine – des écoulements sont possibles – et moyennement résistant aux intempéries. Duramen pratiquement résistant aux attaques de champignons et d'insectes. Aubier moyennement résistant aux champignons. Comme le mélèze, le douglas risque de se fendre.

Cèdre rouge (*western red cedar*)

Duramen jaune rougeâtre à brun rouge, fonçant avec le temps. Aubier blanchâtre avec cernes bien marqués. Bois pauvre en résine, sans canaux, au parfum aromatique. Tendre, assez résistant, facile à usiner et à faire sécher, mais difficile à fendre. Le bois des vieux arbres peut être cassant, mais se rétracte peu et présente une bonne stabilité dimensionnelle. Durablement résistant aux attaques de champignons et d'insectes et aux intempéries.

3.3 *à gauche*
Ecoulements de résine sur un bardage peint. Le sapin et le mélèze sont particulièrement sujets au phénomène, qu'un revêtement foncé et un fort rayonnement solaire ont tendance à favoriser.

3.4 *à droite*
Le label FSC est décerné aux bois et produits issus des forêts certifiées FSC. C'est toute la chaîne de transformation et de commercialisation qui est certifiée et documentée de façon transparente pour le consommateur final.
Internet: www.fsc-suisse.ch

Bois certifié FSC

Le **F**orest **S**tewardship **C**ouncil (FSC) est une organisation internationale d'utilité publique fondée en 1993, dont le siège est à Bonn. Il comporte des groupes de travail dans 43 pays et bénéficie du soutien de nombreuses organisations environnementales (WWF, Greenpeace, NABU, Robin Wood, etc.), associations engagées sur le plan social (IG Bau, IG Metall, etc.) et entreprises.

Le FSC a défini, en faveur d'une économie forestière durable, dix principes et 56 critères destinés à prévenir l'abattage incontrôlé, la violation des droits humains et la pollution de l'environnement.

Dans les pays où le FSC dispose d'un groupe de travail, ces normes sont adaptées aux conditions nationales (climat, géologie, législation, etc.). Depuis la création de l'organisation, ce sont, au niveau mondial, plus de 85 millions d'hectares qui ont déjà été certifiés conformes aux normes FSC par des organismes indépendants.

Le bois issu des forêts certifiées FSC est commercialisé sous le label FSC, qui recouvre aujourd'hui pratiquement tous les types de produits bois.

Provenance du bois

En Europe centrale, les essences couramment employées pour la construction de bardages – épicéa, pin, mélèze, etc. – sont disponibles en suffisance. Les forêts y sont exploitées de façon responsable. Il est en revanche permis de douter que le bois importé d'Europe de l'Est, d'Amérique du Sud et d'Asie soit issu d'une économie forestière durable. On fera donc bien de veiller à ce que les essences exotiques que l'on utilise aient fait l'objet d'une certification crédible (p. ex. label FSC, voir p. 21).

Qualité du bois

Pour chaque essence, il existe des qualités très différentes, dépendant pour l'essentiel des conditions climatiques et de croissance régionales – conditions qui, en Europe, peuvent varier considérablement. Les caractéristiques les plus importantes sont, à cet égard, le nombre et la largeur des cernes. Plus ceux-ci sont resserrés, plus le bois est résistant.

Pour les bardages extérieurs en bois massif, chaque pays prescrit la qualité minimale à mettre en œuvre (chapitre 9).

Lorsqu'une grume est débitée en planches, celles-ci se distinguent de par la position des cernes. Les différents types de planches sont décrits à l'illustration 3.5.

Pour les bardages, il convient d'utiliser un maximum de lames débitées sur quartier ou sur faux quartier. Dans celles débitées sur quartier, les cernes sont perpendiculaires à la face visible ; dans celles débitées sur faux quartier, leur inclinaison ne doit pas dépasser 45°. Les lames débitées sur dosse et contre-dosse ont tendance à se déformer et à se fissurer.

Si l'on utilise malgré tout des lames débitées sur dosse (ce qui est souvent inévitable), c'est leur face *gauche* (c.-à-d. celle opposée au cœur) qui devrait être tournée vers l'extérieur, car elle est moins sujette à la fissuration. Si c'est leur face droite qui est exposée aux intempéries, elle risque d'être endommagée par fission du bois initial et final et ce, que la lame soit ou non dotée d'un revêtement superficiel. En fin de compte, cependant, c'est au constructeur qu'il appartient de décider – en fonction de la qualité de la surface des lames, de leurs déformations, de la présence de canaux médullaires et de nœuds noirs, etc. – quelle face tourner vers l'extérieur.

Humidité

Le taux d'humidité que présente le bois au moment de sa mise en œuvre est déterminant :

- pour l'ampleur du retrait et les fentes en résultant ;
- pour le risque que se développent algues et champignons ;
- pour la durabilité d'un éventuel revêtement superficiel.

Les lames profilées et celles destinées à recevoir un revêtement devraient présenter, au moment de la pose, une humidité de 15 ± 3 %. Si l'humidité du bois dépasse 20 %, on devrait renoncer à monter même des lames à chants plats non traitées.

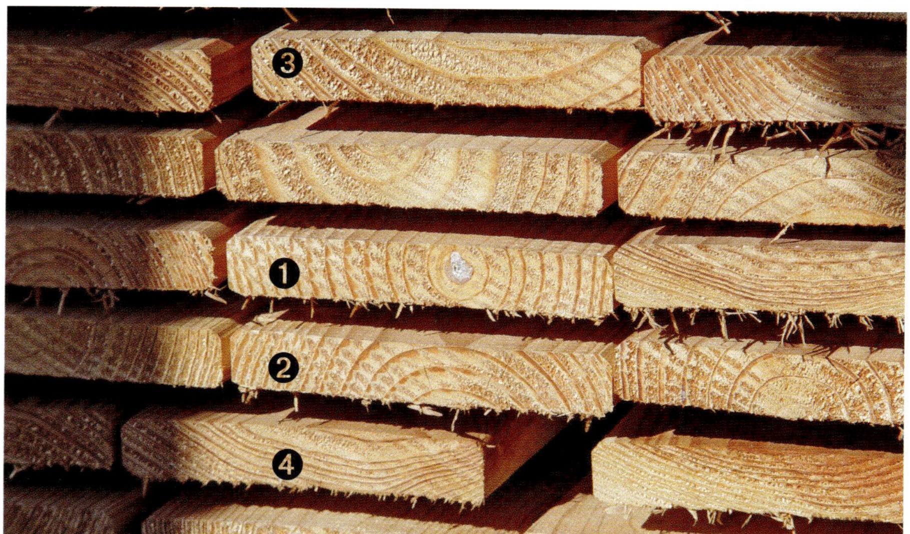

3.5
Planches de mélèze à chants plats empilées. On distingue très bien les différents types de débit : 1. Planche de cœur 2. Planche débitée sur quartier 3. Planche débitée sur faux quartier 4. Planche débitée sur dosse.

Largeur et épaisseur des lames

Pour les bardages, on utilise aujourd'hui des lames de 40 à 200 mm de large. Les profils plus étroits ne permettent pas de ménager un espace suffisant entre les organes de fixation et les bords; les lames plus larges ont tendance, du fait des mouvements de retrait et de gonflement plus importants qu'elles subissent, à se fissurer et à se déformer.

Une lame de bardage devrait posséder une épaisseur d'au moins 18 mm, davantage dans le cas des petites sections rhombiformes. Afin de réduire les déformations, la largeur des lames à chants plats ne devrait pas dépasser onze fois leur épaisseur, sept fois dans le cas des planches profilées.

Profils

Les *raboteuses quatre faces* actuelles permettent de réaliser, en une seule opération, pratiquement n'importe quel type de profil. L'illustration 3.7 présente les plus courants et éprouvés.

Le rayonnement solaire et les intempéries peuvent entraîner le retrait ou le gonflement du bois. Dans les lames profilées et les clins cunéiformes, la languette doit présenter une largeur d'au moins 8 mm et d'au moins 7% de celle de la lame proprement dite.

3.6 *à droite*
Lorsque les lames sont d'une certaine largeur et épaisseur, il est recommandé de pratiquer, sur la face arrière, des gorges de décharge réduisant les déformations.

Tableau 3.5
Largeurs maximales des lames à chants plats et des lames profilées en fonction de leur épaisseur. Source [1]

Largeurs maximales des lames à chants plats et profilées		
Epaisseur d (mm)	**Lames à chants plats** $b_{max} \leq 11$ d (mm)	**Lames profilées** $b_{max} \leq 7$ d (mm)
18	200	120
20	220	140
22	240	150
24	260	160

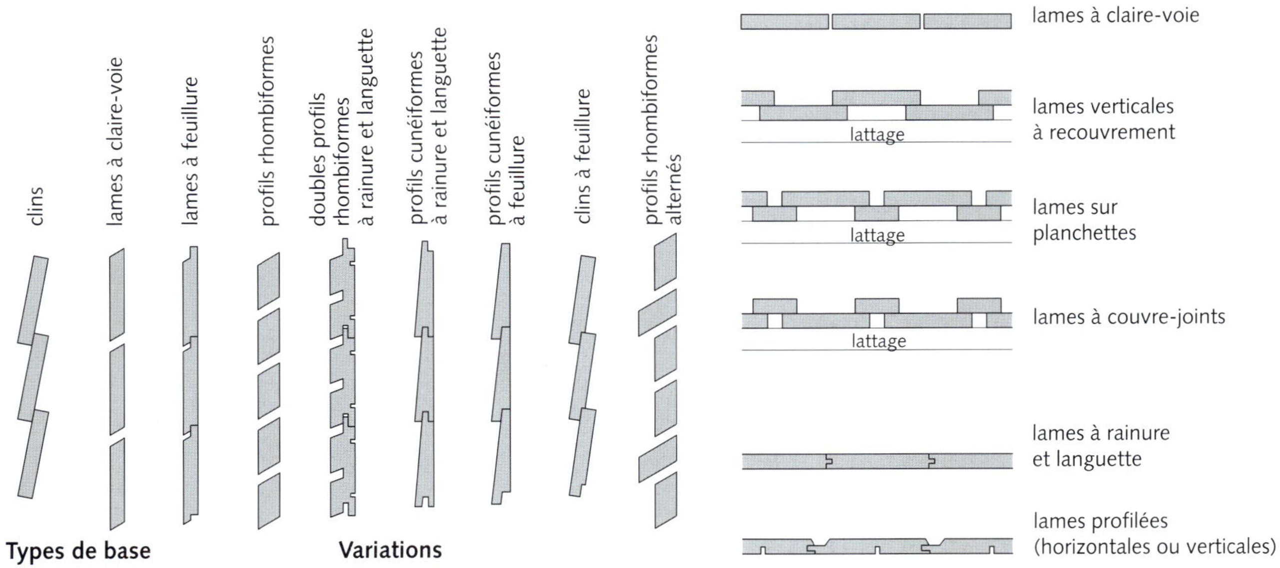

3.7 *ci-dessous*
Profils courants.

3.2 Fixation des bardages

Le choix des organes de fixation dépendra de différents critères techniques, esthétiques et économiques :

- Le bardage est-il appelé à être entièrement ou partiellement démonté ultérieurement ?
- Les organes de fixation seront-ils visibles et, si oui, devront-ils ressortir ou rester discrets ?
- De quels outils dispose-t-on (marteau, visseuse, agrafeuse-cloueuse) ?
- Combien de temps est-on en mesure d'investir ?

Fixations visibles

Le mode de fixation traditionnel des bardages en bois est le clouage – une technique simple et rapide. Les clous doivent s'enfoncer d'au moins 35 mm dans le lattage et leurs têtes arriver au nu des lames. La variante moderne de cette technique consiste à ficher dans le bois, au moyen d'une agrafeuse-cloueuse pneumatique ou électrique, des agrafes en U en acier galvanisé ou inoxydable. Les agrafes présentant un faible diamètre, le risque que les lames se fendent est bien moindre que si on les cloue, et l'opération bien plus rapide. Les agrafes devraient être dotées d'une couche protectrice et, afin d'en augmenter la résistance à l'arrachement, enduites de résine. L'agrafage est toutefois déconseillé pour les fixations visibles car, même si les appareils à air comprimé permettent de limiter la profondeur de pénétration des agrafes, les écrasements superficiels ponctuels sont inévitables.

Au cours des dernières années, le vissage apparent des lames s'est généralisé. C'est sans doute le mode de fixation le plus visible et celui qui demande le plus de soin (il faut éviter que le bois ne se fende). Un bardage vissé a cependant l'avantage d'être en tout temps démontable.

Les lames à visser doivent être prépercées et fraisées au moyen d'un foret-fraise. Cette opération supplémentaire accroît d'environ six à dix minutes le temps nécessaire par mètre carré de bardage (dans le cas de grandes surfaces d'un seul tenant). Les essences susceptibles de se fendre, comme le mélèze, doivent être impérativement prépercées, à moins d'utiliser des vis autoforeuses. Le préperçage des lames (trous de 1 mm plus grands que le diamètre des vis) est toutefois préférable à l'emploi de vis autoforeuses, car il permet aux vis de bouger sans contraintes.

On ne devrait employer que des vis en acier inoxydable. La couche de zinc des vis galvanisées s'abrase en effet dès le premier vissage, de sorte que celles-ci ne sont, de fait, plus protégées de la rouille. Si l'embout de vissage patine (p. ex. parce que la pression est trop faible ou qu'elle ne s'exerce pas dans l'axe), la couche protectrice est aussi endommagée au niveau de la tête. On voit alors apparaître, en particulier sur les bardages

3.8 *à gauche*
Lames à feuillure brutes de sciage, clouées à la main.

3.9 *à droite*
Bardage à lames verticales à recouvrement fixées à la cloueuse. S'il s'agit là d'un mode de fixation rapide, il a souvent pour effet d'endommager la surface du bois, car les appareils pneumatiques ne réagissent pas à la dureté variable du matériau.

non traités, des *coulées de rouille* (voir ill. 3.13).

Aux traditionnelles vis à empreinte cruciforme, on privilégiera celles à empreinte à six lobes (*Torx*), qui requièrent moins de force et permettent d'éviter que l'embout ne patine même si la visseuse n'est pas maintenue dans l'axe de la vis. Si l'on tombe, au niveau du lattage, sur un nœud ou un point qui empêche de maintenir la visseuse en position axiale, on a vite fait de forcer une vis à empreinte cruciforme.

Chaque lame doit être fixée séparément, de sorte qu'elle puisse se déformer indépendamment des autres. Dans les bardages à clins ou à lames verticales à recouvrement, on évitera, pour prévenir les fissures, que les organes de fixation ne traversent deux lames superposées (voir ill. 3.15 et 3.17).

Pour les lames de devant des bardages verticaux à recouvrement et les profils rhombiformes d'une largeur de moins de 80 mm, un seul point de fixation suffit. Les lames plus larges en requièrent deux,

3.10
Bardage fixé au moyen de clous galvanisés à tête ronde. La présence de nœuds à proximité des bords accroît le risque que le bois se fende.

3.11
Vis autotaraudeuse en acier inoxydable. La pointe CUT préperce la lame, un filetage ondulé spécial empêchant l'arrachement du bois. La planche peut bouger au niveau de la partie non filetée de la vis, dont la tête fraisée est dotée de nervures qui en facilitent l'enfoncement.
Source : heco-schrauben.fr

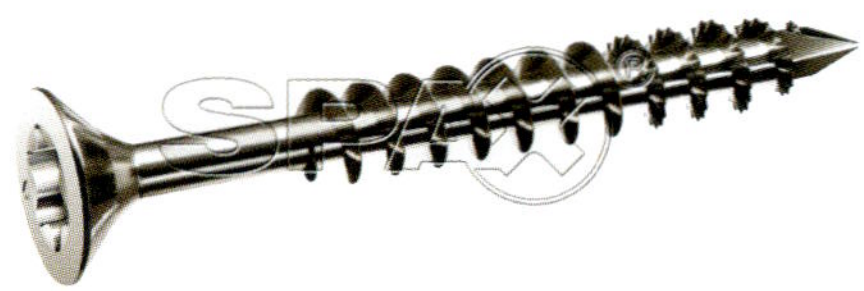

3.12 *à gauche*
Vis autoforeuse dont la tête fraisée empêche que le bois ne se fende lors du serrage, et dont le corps vrillé alèse le trou de manière à ce que la lame puisse bouger librement.

3.13 *à droite*
Coulées de rouille au niveau des vis. Les bardages en bois doivent être fixés avec des vis en acier inoxydable. Lorsqu'on les pose à la visseuse, les vis galvanisées perdent en effet la couche de zinc qui les protège de la rouille.

Adresses :
www.spax.com
www.heco-schrauben.fr
www.bti.de

3.14
Préperçage d'une lame au foret-fraise. Il est judicieux de prépercer les lames avant de les imprégner, de manière à ce que les trous et leurs bords soient protégés même si la fraisure est trop profonde.

3.16
Bardage à claire-voie composé de profils rhombiformes de 70/20 mm. Il suffit en principe de visser les lames en leur milieu. Un second point de fixation peut toutefois se révéler judicieux si l'essence choisie est sujette au voilement.

qui doivent être distants d'au moins 20 mm des bords.

Pour les lames arrière des bardages verticaux à recouvrement, un seul point de fixation suffit jusqu'à une largeur de lame 120 mm. Au-delà, deux sont nécessaires, les organes de fixation pouvant alors être posés soit côte à côte, soit en alternance.

Afin que les vis ou les clous produisent un effet esthétique satisfaisant, les points de fixation ne devraient pas être décalés, sur une longueur de deux mètres, de plus de ± 0,5 cm par rapport à une ligne médiane imaginaire.

Si les organes de fixation sont placés trop près des bords des lames, le bois se fendra inévitablement. Les distances minimales à observer sont indiquées aux illustrations 3.18 et 3.19.

Les vis doivent pénétrer dans le lattage jusqu'à une profondeur au moins égale à l'épaisseur de la lame à fixer, mais jamais supérieure à l'épaisseur du lattage lui-même. Le diamètre des vis doit être d'au minimum 4 mm. Comme les vis en acier inoxydable sont toutefois relativement tendres et que leur tête risque d'être arrachée si elles sont posées à la machine, il est recommandé d'utiliser des vis d'un diamètre de 4,5 ou, mieux encore, de 5 mm.

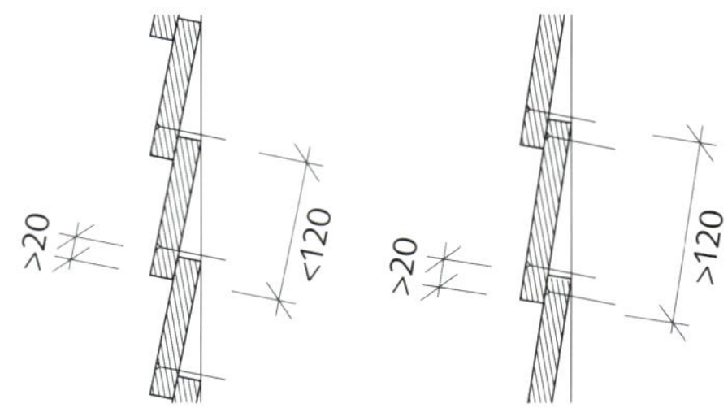

3.15
Points de fixation dans un bardage à clins (dimensions en mm). Source [1]

Tableau 3.6: Aperçu des organes de fixation.

	Agrafes	Clous	Vis
Domaine d'application	fixations non visibles uniquement	mode de fixation simple et courant	bardages démontables
Matériau/ surface	acier inoxydable, avec couche protectrice et résine	acier inoxydable galvanisé à chaud	acier inoxydable
Tête		tête d'homme, plate, ronde	tête fraisée ou bombée
Empreinte			cruciforme ou Torx
Dimensions	1,53/50 … 1,8/70 mm	3/55 … 4/60 mm	4/40 … 5/50 mm
Remarques	écrasement du bois inévitable	têtes de clous au nu des lames	préperçage ou vis autoforeuses; têtes de vis au nu des lames
Temps nécessaire	0,05 h/m²	0,10 h/m²	0,10 - 0,20 h/m²
Coûts	0,80 €/m²	0,50 €/m²	3,50 €/m²

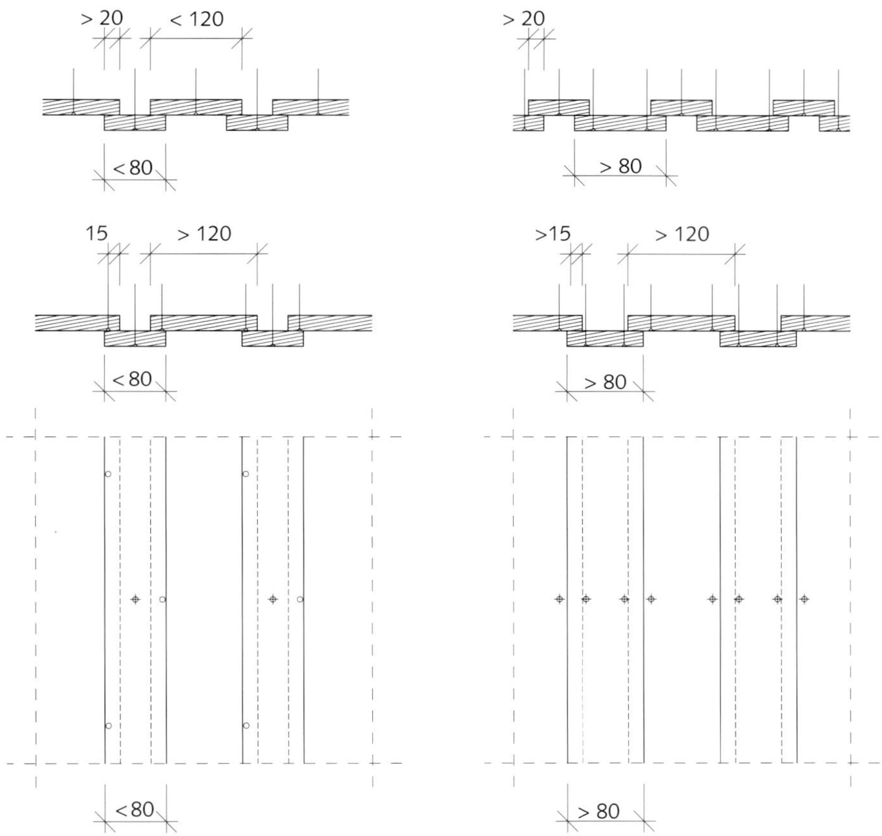

3.17
Fixation des bardages à lames verticales à recouvrement. Chaque lame doit être fixée séparément, sans qu'une même pointe ne traverse deux lames superposées. En général, les lames de devant recouvrent les fixations de celles de derrière (dimensions en mm). Source [1]

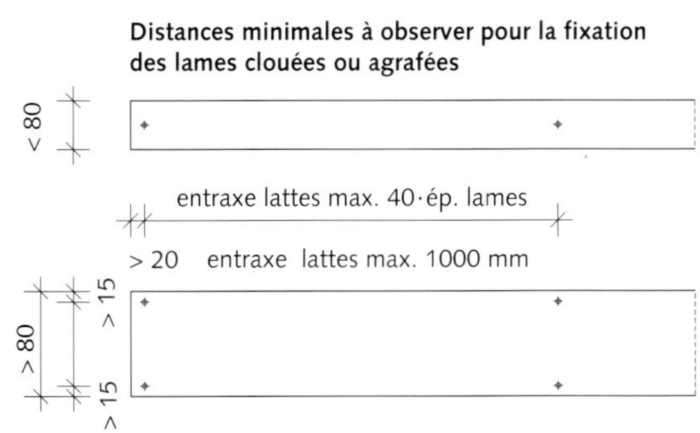

3.18
Distances minimales à observer pour la fixation des lames clouées ou agrafées (dimensions en mm). Source [1]

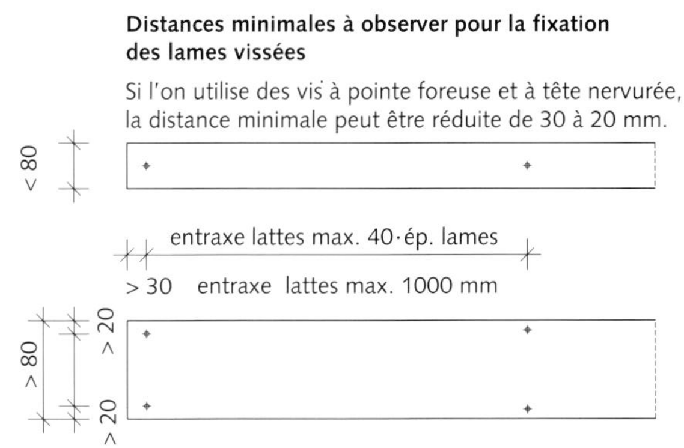

3.19
Distances minimales à observer pour la fixation des lames vissées (dimensions en mm). Si l'on utilise des vis à pointe foreuse et à tête nervurée, la distance minimale peut être réduite de 30 à 20 mm. Source [1]

3.20
Les vis avec rondelles font ressortir les fixations. Plus les têtes de vis sont voyantes, plus l'exécution doit être soignée.

On utilisera de préférence des vis à tête fraisée et à corps en partie non fileté, afin que les lames se plaquent bien contre les lattes. Les têtes de vis devraient présenter une empreinte Torx, permettant d'appliquer plus de couple.

La longueur des vis devrait atteindre au moins deux fois l'épaisseur de la lame, mais ne pas dépasser la somme de l'épaisseur de la lame et des lattes qui la supportent. Pour les bardages à lames verticales à recouvrement, on tiendra compte, en sus, de l'épaisseur des lames arrière.

Les *clous* (dimensions minimales : clous lisses 2,8 × 60, clous striés 2,5 × 50 mm) doivent s'engager dans les lattes à une profondeur d'au moins 1,5 fois l'épaisseur de la lame.

Les *agrafes* (diamètre minimal 1,5 mm) sont soumises aux mêmes règles que les vis. Comme elles se déforment cependant lorsqu'on les plante, on devrait les choisir un peu plus longues. Les agrafes ne permettent pas de plaquer les lames voilées contre les lattes, et sont alors sujettes à l'arrachement.

3.21
Trou préperçé avec fraisure. Si les lames sont peintes avant d'être percées, la peinture sera endommagée au niveau des fraisures, et des retouches au pinceau seront nécessaires.

3.22
1. Tête fraisée dépassant de la lame 2. Lame endommagée par une vis à tête fraisée trop serrée, engagée sans fraisage préalable du trou 3. Vis à empreinte cruciforme un peu trop serrée et forcée 4. Vis à empreinte Torx parfaitement mise en place.

Fixations non visibles
Des fixations non visibles ne sont possibles que si les lames présentent un profil qui les recouvre. Dans le cas des lames à rainure et languette, on ne pourra planter des agrafes dans les rainures car, du fait de la faible épaisseur du bois, il existe un fort risque d'arrachement si des contraintes se produisent (p. ex. en cas de retrait).

Il peut se révéler judicieux de préfabriquer certains éléments de façades, en particulier si leurs dimensions sont modulaires. Dans ce cas, les lames de bardage sont vissées depuis derrière aux lattes, puis insérées dans un système de fixation ad hoc et/ou vissées au lattage au niveau des joints ouverts.

3.23
Fixation non visible d'éléments de bardage préfabriqués. Les profils rhombiformes ont été vissés aux lattes depuis derrière, après quoi les éléments ont été vissés sur le support à travers les joints ouverts. Juxtaposer les éléments à joint vif n'est recommandé que si le bardage n'est pas traité.

3.3 Support

Le lattage destiné à supporter un bardage en bois peut comprendre plusieurs plans, dont l'exécution dépendra du mode de pose choisi, ainsi que de la construction du reste du mur. Ainsi une paroi à ossature bois imposera-t-elle une trame bien définie, tandis que, dans le cas d'un mur massif isolé après-coup, les éléments destinés à supporter l'isolation et le bardage pourront être posés plus librement.

Support pour isolation rapportée
Aujourd'hui, on recourt souvent aux bardages en bois rapportés dans le cadre de

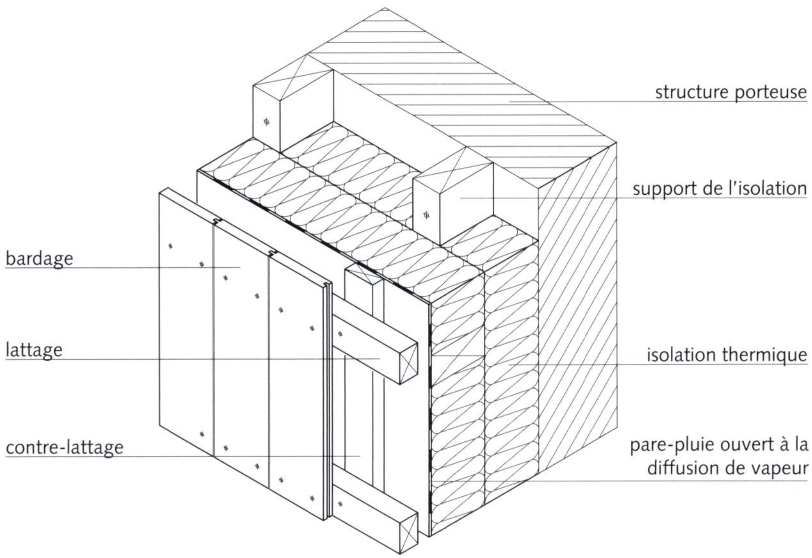

3.24
Isolation et bardage rapportés contre un mur massif.

3.25 *à gauche en haut*
Première couche de bois équarris de 6/8 cm. C'est dans ce plan que les inégalités verticales du mur peuvent être compensées.

3.26 *à gauche en bas*
Couches croisées de bois équarris. La deuxième couche permet de compenser les inégalités horizontales du mur. L'écran pare-pluie se compose ici de panneaux ouverts à la diffusion de vapeur, dont les assemblages à rainure et languette assurent l'étanchéité au vent.

3.27 *ci-dessous, en haut et en bas*
Par rapport aux couches croisées de bois équarris, les montants entretoisés U*psi type F de la société Lignotrend réduisent les ponts thermiques. Ils permettent des épaisseurs d'isolation allant jusqu'à 360 mm.
Source : www.lignotrend.com

l'assainissement énergétique de bâtiments en construction massive. La première chose à faire consiste alors à poser une isolation extérieure stable, dont l'épaisseur devra se monter, pour répondre aux exigences thermiques, à 16 cm au minimum. Le support de l'isolation devrait se composer de deux couches croisées de bois équarris de 6/8 cm. Il est recommandé d'utiliser du bois massif de construction (raboté, avec une humidité de 15±3 %). La première couche, verticale, est fixée au mur au

3.28
Rénovation de façade avec montants entretoisés U*psi. Dessin : EUZ Eldagsen

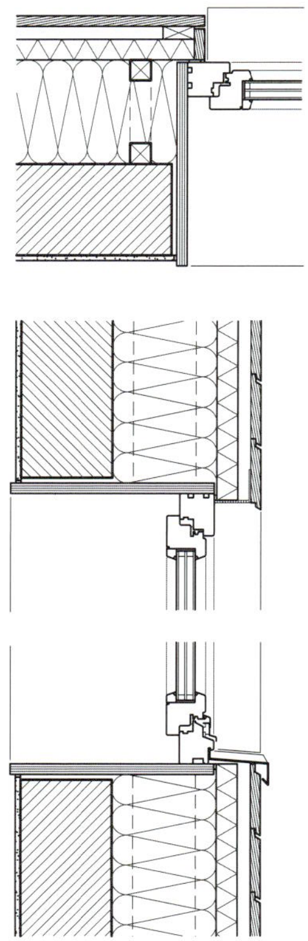

moyen de chevilles, la seconde, horizontale, vissée sur la première.

L'écartement des bois devrait être compris entre 60 et 80 cm. Sur la couche extérieure sont ensuite posés soit des lés pare-pluie ouverts à la diffusion de vapeur, dont les raccords devront être étanches au vent, soit des panneaux à rainure et languette étanches, eux aussi ouverts à la diffusion de vapeur. Si l'on opte pour un isolant en vrac (p. ex. de la cellulose), seuls les panneaux conviendront (d = 15 mm).

Il existe aussi, aujourd'hui, des systèmes de montants entretoisés conçus pour réduire les ponts thermiques, qui présentent certains avantages pour les grandes surfaces d'un seul tenant et les isolations de forte épaisseur. De tels systèmes offrent toutefois moins de possibilités d'ajustement lorsque les murs sont courbes. Si l'on construit soi-même et que les façades comportent de nombreuses baies irrégulières, les couches croisées de bois équarris, moins onéreuses, restent la meilleure solution.

Comme la seconde couche de bois équarris supportant l'isolation est horizontale, les lattes verticales supportant le bardage peuvent être posées librement. C'est un avantage, tant au niveau des joints que des raccords entre bardage et fenêtres.

Couche hydrofuge ouverte à la diffusion de vapeur

Que la structure primaire recouverte par le bardage se compose d'un mur massif ou d'une ossature bois, il est nécessaire de prévoir une seconde couche hydrofuge, devant remplir les fonctions suivantes :

- protéger de la pluie et de l'humidité ;
- assurer l'étanchéité au vent ;
- laisser traverser la vapeur d'eau issue de l'intérieur ;
- résister aux UV dans le cas d'un bardage à claire-voie.

Du fait du voilement des lames sous l'effet du rayonnement solaire, et dans le cas des bardages à claire-voie, la pluie chassée traverse le bardage et atteint le plan de l'isolation thermique. La pose d'un écran pare-pluie sur la face arrière des (contre-)lattes verticales empêche l'imbibition de l'isolation.

En présence d'un bardage vertical à claire-voie, on veillera à ce que les films ou panneaux soient dépourvus d'inscriptions publicitaires, car celles-ci pourraient transparaître au niveau des joints ouverts.

Les films ou panneaux devraient aussi assurer l'étanchéité au vent, de manière à éviter que le vent n'écarte les joints entre éléments isolants et ne crée ainsi des ponts thermiques. La perméabilité de cette couche à la vapeur d'eau doit être

Adresses

Films pare-pluie	
www.braas.de	www.proclima.de
www.doerken.de	www.isotec.de
Panneaux ouverts à la diffusion de vapeur	
www.egger.fr	www.sonaeindustria.com
www.gutex.de	www.hornitex.de
Organes de fixation	
www.fischer.fr	www.toproc.ch
www.hilti.de	www.wuerth.com
www.spax.com	www.bti.de

Tableau 3.8 : Adresses.

3.29
Lattes verticales de 30/50 mm espacées de 62,5 cm, avec, derrière, un film pare-pluie.

3.30
Film pare-pluie ouvert à la diffusion de vapeur. Afin de garantir l'étanchéité au vent, les produits sont souvent munis de bords autocollants. Le phénomène des inscriptions publicitaires prend peu à peu des formes indécentes. Nombre de fabricants, mais aussi d'artisans, profitent des façades en chantier pour se faire de la publicité gratuite.

3.31
Latte de 4/6 cm biseautée à 15° vers l'intérieur, de manière à éviter que la pluie traversant le bardage à claire-voie n'y stagne. L'inclinaison vers la lame d'air permet d'éviter que la saleté s'accumulant sur la latte n'atteigne la face extérieure du bardage.

déterminée en fonction de la composition de l'ensemble du mur. Dans le cas des bardages à claire-voie, il est impératif que les films ou panneaux soient résistants aux UV – ce que devraient garantir les fabricants.

Support pour bardage

Le lattage supportant le bardage vient se fixer – à l'extérieur de la couche hydrofuge – sur les bois équarris supportant l'isolation. Celui-ci se compose :

- dans le cas d'un bardage à panneaux ou à lames horizontales, d'un lattage vertical ;
- dans le cas d'un bardage à lames verticales, d'un contre-lattage vertical et d'un lattage horizontal.

Les lattes assurent une liaison solidaire entre le support de l'isolation et les lames de bardage. Aussi doivent-elles au moins correspondre, à la classe de tri S10, selon la norme DIN 4074-1, l'humidité du bois au moment de la mise en œuvre ne devant pas dépasser 20%. Si les dimensions et distances minimales du tableau 3.7 sont respectées, on pourra renoncer à un calcul statique. Les lattes seront fixées au moyen de clous protégés contre la rouille ou de vis en acier inoxydable.

Bois modifié thermiquement

Le bois modifié thermiquement, ou bois thermo-traité, est un procédé développé en Finlande, lors duquel la structure des parois cellulaires est chimiquement modifiée par chauffage à haute température (170 à 250 °C), sans ajout d'autres substances. Ce procédé décompose les sucres à chaîne courte (hémicellulose). Toutes les essences sont en principe susceptibles d'être thermo-traitées.

Les propriétés du bois subissent alors les modifications suivantes :

- La capacité d'absorption du bois diminue, ce qui entrave la croissance des

3.32 *à gauche*
Pour éviter que le lattage d'un bardage à claire-voie ne transparaisse à travers les joints, on pourra en peindre la face visible dans une couleur foncée ou la couvrir d'un morceau de film résistant aux UV.

Exigence	Contre-lattes	Lattes
Essences	épicéa, sapin, pin	
Classe de tri (DIN 4074-1)	S10	S10
Section (mm)	30 / 50	24 / 48
Espacement des lattes (mm)	500 – 830	$e \leq 40 \cdot d_{lames}$ $e_{max} \leq 1000$

Tableau 3.7
Exigences applicables aux lattes et contre-lattes. Source [1]

champignons et augmente de ce fait la durabilité du matériau.

- La classe de durabilité des essences s'améliore : l'épicéa atteint la classe 2, le hêtre, la classe 1.
- L'humidité d'équilibre du bois est abaissée, ce qui peut, selon l'essence et son degré de traitement, réduire les mouvements de retrait et de gonflement de 70%.
- Le bois devient plus cassant et perd en résistance mécanique. Le bois thermo-traité ne peut donc être – jusqu'ici – utilisé en structure, ce qui n'empêche nullement de l'employer comme revêtement de façade.
- Le bois devient globalement plus foncé, mais grisaille aussi sous l'effet des UV. On peut faire varier la teinte du matériau.

Par ailleurs, le bois peut aussi être traité par les procédés suivants :

- *Hydrophobisation* : imprégnation sous pression aux huiles végétales. Lors de la mise sous vide finale, une partie de l'huile chaude est extraite du bois. Cela permet d'obtenir des surfaces sèches et des charges de 80 à 180 kg d'huile par mètre cube de bois, sans modification de la structure ou de la composition chimique des parois cellulaires.
- *Imprégnation à la résine de mélamine* : la résine de mélamine imbibe les différentes couches des parois cellulaires à environ 100 à 140°C et forme, en durcissant, des polymères non solubles à l'eau, sans que ne soient créées de liaisons chimiques entre résine et bois. Le bois ne peut alors plus absorber d'eau.
- *Acétylation* : réaction chimique entre les groupes hydroxyles du bois et l'anhydride acétique. Les groupes acétyles se lient au bois à la place des groupes hydroxyles. L'acide acétique ainsi libéré peut être évacué sans problème au terme du processus.

Propriétés	**Type de traitement**			
	Haute température	Imprégnation à l'huile	Mélamine	Acétylation
Protection contre le pourrissement	+	+	++*	++*
Protection contre la décoloration	o	–	(+)	(+)
Stabilité dimensionnelle	++	++	+	++
Dureté	o	o	++*	o
Rigidité (module E)	o	o	+	o
Résistance	–	o	o	o
Aptitude au collage	o	–	o	o
Adhérence des vernis	o	o	o	o
Corrosion des métaux	o	+	o	–

++ très forte amélioration ; ++* très forte amélioration si grande charge de résine ou haut degré d'acétylation ; + amélioration sensible ; (+) amélioration sensible mais limitée dans le temps ; 0 pas d'amélioration ; – détérioration

Tableau 3.9
Modification des propriétés du bois par différents traitements sans biocides.
Source : Rapp, Sailer et Peek, 2000.

3.33
La modification de la structure cellulaire du bois thermo-traité en réduit la capacité d'absorption. Portée à haute température, la surface du bois devient sensiblement plus foncée.
Source : Institut für Holztechnologie, Dresde.

Si tous les procédés de traitement thermique modifient chimiquement le matériau, ils ne requièrent aucun apport de biocides, de sorte qu'il reste possible de brûler le bois ultérieurement.

Le tableau 3.9 décrit les principales modifications que subissent les propriétés du bois dans les différents procédés.

Même si le bois traité thermiquement ne représente encore qu'une part minime de la consommation de bois totale, il faut s'attendre à ce que cette part augmente rapidement dans les domaines où le bois thermo-traité est susceptible de se substituer aux essences tropicales comme le benkiraï ou le teck.

Bardages en bois thermo-traité

Si le bois thermo-traité est principalement utilisé pour les revêtements de terrasses et autres meubles de jardin, il représente aussi une alternative intéressante en façade. En effet, les bardages en bois thermo-traité présentent une meilleure stabilité dimensionnelle et grisaillent de façon plus régulière que les bois non traités thermiquement. Et, comme ils absorbent jusqu'à 70% d'eau en moins, ils résistent très bien aux champignons et à la fissuration. Les écoulements de résine et les pertes d'acide tannique par lessivage sont exclus.

Les lames en bois thermo-traité peuvent aujourd'hui être commandées chez tous les fournisseurs de bois de construction.

3.34
Pavillon finlandais à l'EXPO 2000 de Hanovre. Il s'agit du plus ancien bardage de grande dimension en bois thermo-traité d'Allemagne.

3.35
Détail du bardage à claire-voie du pavillon finlandais. Le traitement thermique confère au bois un ton brun plus soutenu, qui subsiste après des années de forte exposition à la pluie et aux UV.

4 Modes d'exécution

Aucun type de revêtement de façade n'offre de possibilités d'exécution plus variées qu'un bardage en bois.

Les principes de base traditionnels – minimisation de l'exposition aux intempéries, égouttement et séchage rapides – continuent de s'appliquer aujourd'hui, l'amélioration des revêtements superficiels ne changeant rien à la discipline requise lors de la conception. De nos jours, bien des architectes négligent les principes constructifs élémentaires au profit d'un traitement esthétique prétendument contemporain des bardages. Et il arrive souvent que l'on prime des ouvrages dont les façades n'ont pas encore fait la preuve de leur durabilité (voir p. ex. le Prix allemand 2007 de la construction en bois). Or, s'ils étaient soumis à l'examen d'un jury cinq ans plus tard, ces bâtiments se distingueraient surtout par l'ampleur des dommages qu'ils ont subis…

En général, la mise en œuvre des bardages est régie par des normes ou des documents techniques (voir chap. 9).

Bien entendu, il reste possible, pour des raisons esthétiques ou constructives, de déroger à ces règles, mais le concepteur ou l'entreprise chargée de l'exécution doivent être conscients des risques que présentent les constructions non conformes, et s'acquitter de leur obligation de conseiller et d'informer le maître d'ouvrage (voir chap. 8).

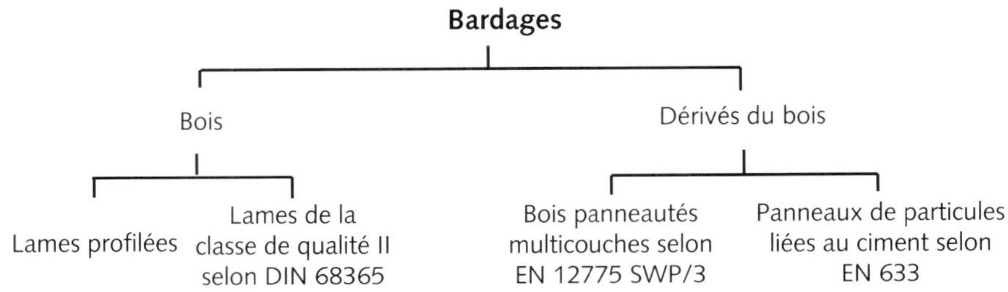

4.1 Bardages en bois et panneaux dérivés du bois. Source [1]

4.1 Bardages à lames

L'attrait des bardages à lames de bois réside dans les multiples paramètres sur lesquels on peut jouer :

- orientation des lames ;
- mode de pose des lames ;
- dimensions des lames ;
- exécution des détails ;
- choix des essences ;
- traitement superficiel.

Même si ces paramètres influent sensiblement sur l'effet qu'exerce la façade, l'impression d'ensemble que produit un bâtiment est avant tout déterminée par les dimensions et les proportions des éléments transparents et opaques, par la forme de la toiture et par la subdivision des fenêtres. De fait, si une façade bien proportionnée peut être encore rehaussée par la structure et la surface de son bardage, le plus raffiné des revêtements ne parviendra guère à compenser une mauvaise composition d'ensemble.

L'aspect d'un bardage dépendra du traitement des surfaces et des détails. Exécution des angles, jonctions horizontales et verticales avec les fenêtres, bords inférieur et supérieur de la paroi, transition entre matériaux : les raccords sont plus nombreux dans une façade en bois que dans une autre en brique ou crépie.

Principes de base

Plus un bardage est rigoureusement conçu, plus il reste longtemps d'un aspect plaisant. Il s'agit, à cet égard, de concilier enjeux constructifs (principes de base, exécution des détails) et esthétiques (préférences et exigences personnelles).

On veillera notamment à :

- éviter les surfaces horizontales ou trop faiblement inclinées ;

4.2
Foyer de scouts à Wolfurt, dans le Vorarlberg (architecte H. Kaufmann). Approche spécifique de la protection contre les intempéries : la façade d'entrée, revêtue de panneaux OSB, est protégée par un vaste avant-toit abritant aussi rampes et escaliers. Les autres façades, dépourvues d'avant-toit, sont délibérément exposées aux éléments, ce qui en assure un grisaillement homogène.

4.3
Même avec un avant-toit d'environ 70 cm, le bardage reste exposé aux intempéries. Comme on le voit très bien ici, seule la zone située juste sous l'avant-toit est à l'abri. Sur les façades exposées, la largeur du débord de toiture correspond à la hauteur de la zone protégée.

- permettre une évacuation rapide de l'eau de pluie et de condensation et éviter sa stagnation, y compris au niveau du lattage ;
- prévoir des larmiers d'une inclinaison d'au moins 15° ;
- assurer la protection constructive ou chimique du bois de bout ;
- prévoir des joints assez larges (≥ 10 mm) pour permettre aux éléments de sécher ;
- utiliser des organes de fixation inoxydables, permettant le retrait et le gonflement du bois ;
- prévoir un vide de ventilation d'au moins 2 cm de section ;
- protéger le bardage du rejaillissement en le tenant à au moins 30 cm du sol.

Il faut partir du principe qu'un bardage en bois n'est jamais *étanche à l'eau*. Il devra toutefois être à l'épreuve de la pluie chassée, de sorte que tous les éléments puissent sécher rapidement. Il y a deux manières radicalement différentes de concevoir un bardage en bois :

1. On évite toute exposition aux intempéries. Une telle approche est pratiquement impossible à appliquer concrètement, sauf à prévoir d'énormes avant-toits réduisant au minimum l'exposition à la pluie chassée.
2. On renonce délibérément à toute protection contre les intempéries. C'est cette approche que l'on devrait adopter pour tous les bardages non traités, car elle est la seule qui puisse assurer un grisaillement homogène. Elle est cependant plus exigeante, dans la mesure où le bois doit pouvoir s'égoutter et sécher rapidement. En outre, l'exposition permanente aux éléments (pluie, UV, poussière, etc.) entraîne des mouvements de gonflement et de retrait plus importants, ainsi que le tuilage et la fissuration du bois.

Orientation des lames

En optant pour une orientation horizontale ou verticale des lames, on ne détermine pas seulement l'effet visuel que produira le bardage – en accentuant soit la hauteur, soit la largeur du bâtiment –, mais aussi les influences auxquelles il sera exposé, ainsi que la manière dont les détails devront être exécutés.

Poser les lames *à la verticale* (comme p. ex. dans un bardage à lames à recouvrement, voir p. 38) se révèle moins problématique sur le plan constructif: l'eau s'écoule dans le fil du bois et donc avec moins de résistance, les surfaces où l'eau peut stagner sont moins nombreuses et l'exposition du bois à l'humidité varie moins d'un endroit à l'autre. Les bardages verticaux ont donc en principe une durée de vie supérieure, leurs revêtements étant, eux aussi, plus durables. Les bardages non traités grisaillent de façon plus homogène lorsque les lames sont orientées verticalement.

La pose des lames *à l'horizontale* trouve son origine dans les bardages à clins, où les planches se chevauchent. Une telle disposition permet d'obtenir un aspect d'ensemble régulier même avec des lames dont la stabilité dimensionnelle est moindre, le recouvrement offrant le jeu nécessaire pour compenser les déformations différentielles. Aujourd'hui, le choix d'un bardage horizontal est souvent motivé par des raisons esthétiques.

Mode de pose des lames

Il existe quatre grands modes de pose des lames:

- pose à recouvrement de lames horizontales (clins);
- pose à recouvrement de lames verticales;
- assemblage à rainure et languette ou à feuillure de lames horizontales;
- pose à claire-voie de lames horizontales ou verticales.

Lorsque les lames sont posées dans un même plan (bardages à rainure et languette, à feuillure ou à claire-voie), les raccords sont plus faciles à exécuter que lorsqu'elles le sont dans des plans différents (bardages à clins ou à lames verticales à recouvrement).

Bardages à clins

Le bardage à clins traditionnel repose sur le principe de la pose en écailles. Les différentes lames se chevauchant sur au moins 2 cm, elles ne doivent pas répondre à des exigences très élevées: il est possible d'utiliser de simples planches à chants plats, rabotées ou non. Du fait du profil en dents de scie du bardage, il est nécessaire de recourir, au niveau des

4.4
Bardage à clins rabotés et lasurés en noir. La disposition en écaille des lames produit des ombres portées plus ou moins grandes, qui accentuent l'horizontalité du bardage.

Orientation des lames	Mode de pose	Travail et soin nécessaires	
		en partie courante	au niveau des raccords
horizontale	profils rhombiformes à claire-voie	peu important	moyennement important
	clins	peu important	important
	lames à feuillure	minime	moyennement important
verticale	lames à chants plats à claire-voie	peu important	peu important
	lames à rainure et languette	peu important	important
	lames verticales à recouvrement	peu important	moyennement important

Tableau 4.1
Modes de pose à l'horizontale et à la verticale.

angles et des raccords avec les fenêtres, à des profilés ad hoc (voir sect. 5.1). Le recouvrement produit des ombres qui accentuent plaisamment l'horizontalité des lames. La tranche inférieure – en saillie – des lames est toutefois très exposée aux intempéries, car l'écoulement de l'eau y détériore plus rapidement le revêtement superficiel.

4.5 *ci-dessus*
Bardage à clins de chêne rabotés, arrondis et laqués sur une maison d'habitation à Noormakku, en Finlande (architecte : Alvar Aalto, 1939). Au niveau des fenêtres, des entailles permettent l'aération des locaux.

Bardages à lames verticales à recouvrement

Il s'agit du plus ancien mode de pose à la verticale. Les joints entre les lames de dessous sont ici recouverts par celles de dessus. L'une des deux couches peut aussi se composer de lames de très faible largeur, ce qui permet d'intéressantes variations.

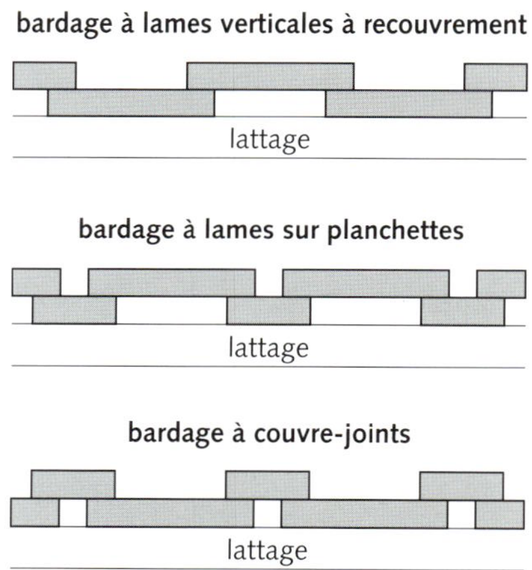

4.6 *ci-contre*
Différents bardages à profils verticaux à recouvrement : la disposition des lames peut varier librement, mais leur largeur devrait rester comprise entre 6 et 15 cm.

4.7 *à gauche*
Bardage traditionnel à lames verticales à recouvrement. Les espaces entre les lames de dessous sont recouverts par celles de dessus. Ces dernières ne peuvent être fixées qu'au niveau des espaces, sans quoi les lames se fendent. La largeur des lames peut varier librement.

4.8 *à droite*
Bardage à couvre-joints. Une grande rigueur est requise au niveau des encadrements de fenêtres, surtout si les couvre-joints ressortent du fait de leur couleur.

Bardages à rainure et languette

A la différence des lames à feuillure, les lames à rainure et languette présentent, sur l'une de leurs tranches, une rainure d'une largeur d'environ 0,8 cm de largeur et d'environ 1,0 à 1,2 cm de profondeur et, sur l'autre, une languette qui s'engage dans la rainure de la lame suivante. Souvent, la languette est plus longue que la rainure n'est profonde, ce qui produit un *joint d'ombre* et permet de compenser les tolérances lors de la pose. Du fait de l'emboîtement, les lames sont assemblées les unes aux autres sur toute leur longueur. Les bardages à rainure et languette sont faciles à poser en partie courante. Au niveau des embrasures de fenêtres, les lames doivent présenter une tranche lisse, sans rainure ni languette.

Bardages à feuillure

Extérieurement, les bardages à feuillure ne se distinguent en rien de ceux à rainure et languette. Ici, cependant, les lames sont pourvues d'une feuillure extérieure sur la tranche supérieure et d'une feuillure intérieure sur la tranche inférieure, de sorte qu'elles se recouvrent d'autant.

Par rapport aux bardages à rainure et languette, ceux à feuillure sont plus solides et permettent de remplacer séparément les lames.

Bardages à claire-voie

Depuis quelques années, les bardages à claire-voie se multiplient. Désormais, les normes professionnelles les considèrent aussi comme une option envisageable, à condition toutefois de poser contre le mur, derrière le vide de ventilation,

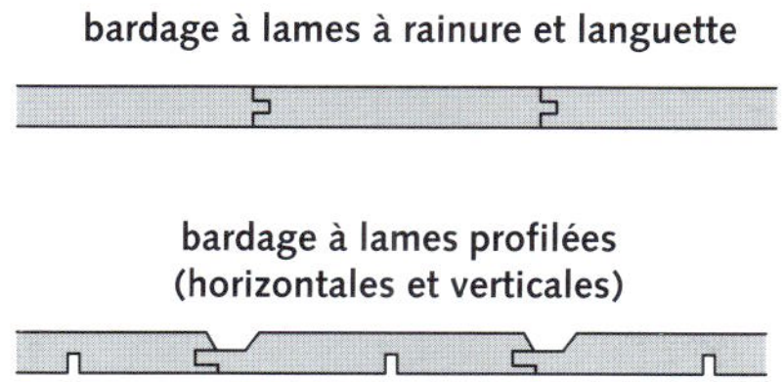

4.9 Bardages à rainure et languette.

4.10 *ci-contre*
Combinaison de différents bardages à rainure et languette. Les lames peuvent être posées à l'horizontale comme à la verticale.

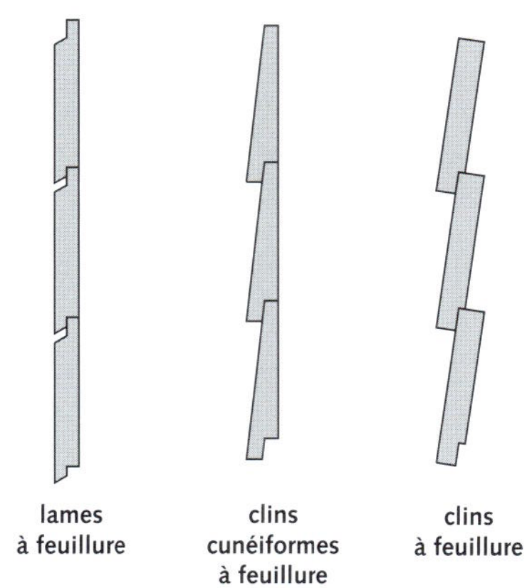

4.11 Bardages à feuillure.

4.12 *au milieu à droite*
Bardage horizontal à rainure et languette. Les encadrements de baies, peints dans la même couleur que le bardage, font bien ressortir les châssis plus sombres des fenêtres.

4.13 *en bas à droite*
Bardage à feuillure brut de sciage. De l'extérieur, un tel revêtement ne se distingue en rien d'un bardage à rainure et languette. Il offre cependant plus de jeu pour répartir de manière adéquate les joints.

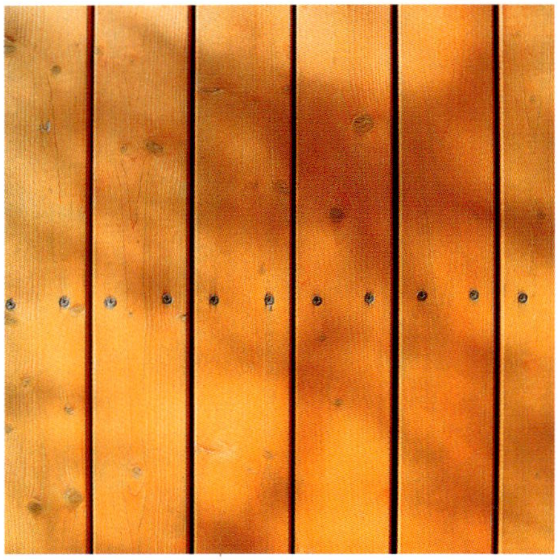

4.14 *en haut à gauche et ci-dessus*
Bardage à claire-voie composé de lames à chants plats de 9/2 cm et de joints d'environ 10 mm. Que le bois soit laissé nature ou peint, un tel mode de pose est le plus simple et le plus économique.

4.15 *ci-contre*
Bardage à claire-voie contemporain composé de planches de 2/7 cm biseautées à 15°, et de joints de 1 cm de large.

4.16
Hybride entre bardage à lames et bardeaux. Un tel revêtement peut être posé par une seule personne : les éléments sont maniables et leur mise en place ne requiert guère plus de travail qu'un bardage ordinaire.

un écran pare-pluie résistant aux UV. Comme les constructions isolées requièrent de toute façon des films ou panneaux hydrofuges ouverts à la diffusion de vapeur, aucune mesure supplémentaire n'est nécessaire, si ce n'est que les films ou panneaux en question doivent ici répondre à des exigences accrues. Si les lames sont posées à la verticale, le bardage pourra se composer de simples planches à chants plats rabotées ou brutes de sciage, à mettre en place au moyen d'écarteurs.

Dans le cas d'un bardage horizontal, on utilisera des lames à tranches biseautées à 15° au minimum, afin que l'eau ne stagne pas sur la tranche supérieure et puisse dégoutter au niveau de la tranche inférieure.

Autres modes de pose

Pour autant que les principes relatifs à la protection contre les intempéries et à l'évacuation de l'eau soient respectés, d'autres orientations, combinaisons et modes de pose sont envisageables. Ainsi les bardages à lames diagonales passaient-ils, dans les années 1980, pour particulièrement chic. La coupe en biseau de l'extrémité des lames requérait toutefois beaucoup de soin.

4.2 Bardeaux

A l'origine, les bardeaux représentaient un moyen simple de protéger les habitations des intempéries. Aujourd'hui, on continue d'y recourir – y compris pour des bâtiments modernes – dans le sud de l'Allemagne, en Autriche et en Suisse, où cette technique traditionnelle était la plus répandue et où de nombreux charpentiers la maîtrisent encore. En jouant sur la taille, la forme et le recouvrement des bardeaux, ainsi que sur l'essence et le traitement superficiel du bois, on peut produire de multiples variations. Le fait qu'un revêtement de bardeaux soit plus onéreux qu'un bardage à lames s'explique par le temps qu'en nécessite la pose : chaque bardeau devant être fixé séparément, un revêtement composé de petites écailles arrondies peut requérir jusqu'à cent opérations par mètre carré.

Les revêtements de bardeaux peuvent se composer de deux, deux et demi ou trois couches. Les fabricants recommandent d'opter pour un revêtement à deux et demi ou trois couches, plus stable. Dans la pratique, cependant, cet aspect ne revêt qu'une importance secondaire.

Selon la norme DIN 68119, l'unité de vente des bardeaux est la rangée d'un mètre de longueur, et dont la hauteur correspond à la longueur des écailles. Ainsi le prix du mètre carré dépend-il du chevauchement. Le support d'un revêtement de bardeaux doit répondre, en matière de ventilation, aux mêmes principes que celui d'un bardage à lames.

La durabilité d'un revêtement de bardeaux dépend non seulement de la qualité du bois, mais aussi des organes de fixation utilisés. On recourt de plus en plus souvent à des agrafeuses-cloueuses à air comprimé spéciales, qui limitent la profondeur de pénétration des pointes. L'emploi d'agrafes en acier inoxydable est devenu la règle.

Si l'on cloue les bardeaux à la main, on risque moins de fendre le bois, car on peut mieux doser les coups. Pour autant qu'il dispose du temps nécessaire, un profane adroit pourra poser ses bardeaux lui-même, après s'être éventuellement fait montrer comment procéder par un spécialiste.

Même si le prix des bardeaux proprement dits est comparable à celui de lames de bois de bonne qualité, les coûts de pose sont au moins deux à trois fois plus élevés que dans le cas d'un bardage à lames d'exécution simple.

4.17
Nouveaux bardeaux arrondis au niveau du soubassement d'une maison d'habitation. La pose des bardeaux requiert beaucoup de travail – surtout s'ils n'ont que 4 cm de largeur.

4.18
Construction d'une façade revêtue de bardeaux.

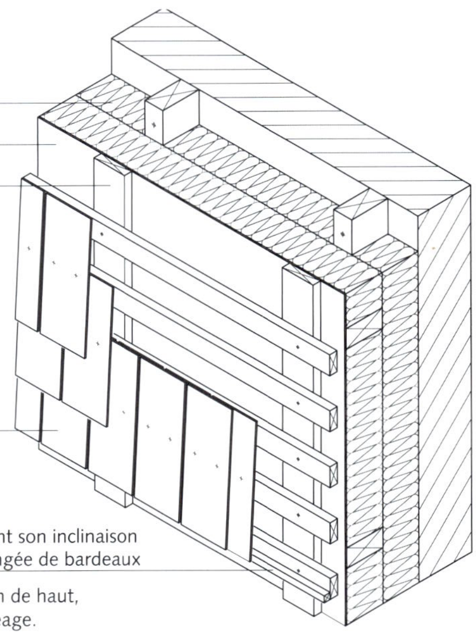

4.19
Revêtement moderne en bardeaux de sapin blanc sciés et lasurés en gris. Centre paroissial de Bonaduz, dans les Grisons (architecte : Walter Bieler).

S'il n'existe pas d'indications fiables quant à la durabilité des revêtements en bardeaux, un habillage de bardeaux fendus régulièrement entretenu (p. ex. nettoyé tous les cinq à dix ans) tiendra sans doute plus longtemps qu'un bardage à lames de qualité équivalente, et un revêtement de bardeaux sciés, à peu près aussi longtemps. En outre, il est toujours possible de renouveler certaines parties d'un habillage en bardeaux.

Un nouveau domaine d'application réside, pour les bardeaux, dans l'assainissement de façades en panneaux d'amiante-ciment. Les risques que présente l'amiante pour la santé étant démontrés depuis longtemps, il apparaît judicieux de remplacer de tels panneaux par un autre revêtement. Une fois que les panneaux ont été précautionneusement démontés, le lattage peut être réutilisé pour la pose de bardeaux.

Fournisseurs de bardeaux
www.cndb.org
www.holzschindeln.ch
www.ctba.fr
www.weiss-holzschindeln.com

4.20
Revêtement non traité en bardeaux de mélèze. Passage entre partie exposée aux intempéries et partie protégée par un avant-toit. Comme les bardeaux sont posés à fil vertical et que leur tranche inférieure est biseautée, de sorte que l'eau ne dégoutte pas, mais coule sur la rangée de dessous, le grisaillement du bois est homogène.

4.21
Les revêtements en bardeaux sont tout à fait compatibles avec des dispositifs modernes tels que capteurs solaires ou stores.

4.3 Bardages à claire-voie et à lamelles

Revêtements à lamelles

La fonction première d'un revêtement de façade est de protéger celle-ci des intempéries. Or, depuis une quinzaine d'années, les bardages ajourés à lamelles sont à la mode.

Entre les bardages ajourés à profils rhombiformes et ceux à lamelles, la limite est floue. Si les premiers sont conçus pour optimiser la ventilation et le séchage des pièces de bois, les seconds s'en distinguent par le fait que les joints y sont beaucoup plus larges et que la protection contre les intempéries s'en trouve par conséquent réduite, tandis que d'autres fonctions – perméabilité à la lumière, jeux d'ombre – s'y ajoutent.

Les inventeurs du revêtement à lamelles sont les Vorarlbergeois. Même si cette affirmation ne peut être prouvée, du moins sont-ils ceux qui possèdent, avec les Suisses, le plus de créativité et d'aisance dans la mise en œuvre de tels bardages.

Les bardages à lamelles sont souvent utilisés pour marquer l'horizontalité ou la verticalité de la façade. Ils recouvrent alors aussi bien les surfaces vitrées que les parties opaques. Au niveau des baies, les lamelles remplissent deux fonctions supplémentaires :

- la protection solaire, que ne permettent toutefois d'assurer efficacement que les lamelles horizontales d'une certaine largeur ;
- la protection contre les regards extérieurs (surtout pour les grands vitrages).

Les dimensions des lamelles et des intervalles qui les séparent déterminent la perméabilité du revêtement aux regards et à la lumière. La perméabilité du bardage à la lumière correspond approximativement au rapport entre la surface des joints et celle des lamelles. Si les joints sont cependant très minces, cela entraîne – même si les lamelles ont la même épaisseur – une perte pouvant aller jusqu'aux deux tiers des apports de lumière naturelle. Les lamelles horizontales « avalent » plus de lumière que les verticales.

Les lamelles devraient présenter une largeur d'au moins 30 mm, sans quoi elles risquent de se fendre si on les visse à leurs extrémités.

La poussière qui s'accumule sur la face supérieure des lamelles horizontales finit par provoquer des coulures sur la façade. Même les lamelles à face supérieure biseautée ne permettent guère de l'éviter – sans compter qu'elles réduisent encore l'incidence lumineuse.

La distance séparant les lamelles ne devrait jamais être inférieure à 30 mm, afin que les intervalles puissent être nettoyés. Si l'écartement des lamelles dépasse cependant 120 mm, le revêtement ne produira plus l'effet visuel recherché.

Les lamelles inclinées ou qui s'ouvrent progressivement (voir ill. 4.26) doivent être posées sur des profils dentés que les machines à usiner à commande numérique permettent de fabriquer sans problème.

On ne peut que recommander aux concepteurs et aux maîtres d'ouvrage

4.22
Maison d'habitation à Rapperswil, en Suisse. Les lamelles de mélèze font 30/30 mm ; les intervalles ont la même largeur. L'épaisseur du vide de ventilation est d'environ 120 mm.

4.23
Les lamelles étant ici espacées de 12 cm, elles ne protègent pas des intempéries, mais remplissent une fonction esthétique. Derrière les lamelles sont posés des panneaux dérivés du bois.

4.24 *à gauche*
Salle de conférences de l'hôtel Martinspark, à Dornbirn. Lamelles de 30 × 45 mm posées sur chant, espacées de 25 mm. Incidence lumineuse réduite de 2/3.

4.26 *ci-dessous et en bas à droite*
Cette maison d'habitation à Lochau présente l'un des bardages les plus raffinés du Vorarlberg. Les lamelles s'ouvrent progressivement de bas en haut. Au rez-de-chaussée, elles protègent des regards extérieurs; à l'étage, elles donnent vue sur le lac de Constance. L'espace d'environ 60 cm qui sépare le bardage de la façade vitrée protège de la pluie chassée et peut être utilisé pour laver les fenêtres ou étendre du linge.

4.25 *en haut*
Bardage bien adapté à une salle de conférences. Les rideaux sont nécessaires pour les projections de jour. Les occupants peuvent distinguer ce qui se passe à l'extérieur sans se laisser distraire.

4.27 *ci-dessus et à droite*
Le centre communal de Bludesch est strié de lamelles verticales de 12,5/3 cm qui protègent des regards extérieurs et du rayonnement solaire, mais pas de l'éblouissement lorsque le soleil est bas.

d'aller voir des exemples réalisés et de se pénétrer de leur effet. Il est en outre conseillé de faire construire un prototype avant d'engager les travaux.

Les lamelles comme éléments de composition

Il arrive que l'on fasse aussi passer les lamelles devant les fenêtres, afin de souligner l'orientation du bardage tout en minimisant l'impact visuel des baies. Si l'on calcule avec soin la perte considérable de lumière naturelle qui en résulte, on pourra obtenir des effets très plaisants. On perçoit bien moins les lamelles de l'intérieur que de l'extérieur.

4.28
Si les lames sont étroites, on peut en faire passer une sur deux devant les fenêtres.

4.29
Bardage composé de profils à rainure et languette de différentes largeurs. Afin de souligner l'horizontalité, les plus étroits passent devant les fenêtres.

5 Raccords

5.1
Dans le cas d'un bardage à lames verticales, angles et encadrements de baies sont faciles à exécuter. Même une solution aussi radicale que celle du club de voile de Bregenz, où les vitrages fixes vont jusqu'à l'angle du bâtiment, est réalisable sans problèmes.

La qualité d'un bardage en bois est directement dépendante de l'exécution de ses détails. Cela vaut tout particulièrement pour les façades de peu d'étendue, où la majeure partie du travail nécessaire est consacrée aux raccords et aux passages d'un matériau à l'autre. Ceux-ci sont étroitement liés au mode de pose adopté : ainsi seront-ils plus faciles à gérer dans le cas d'un bardage à lames verticales, où les détails d'angles et les encadrements de baies sont assez simples à réaliser, que dans un bardage à lames horizontales, où se pose, à chaque joint vertical, le problème des bouts non protégés.

On distingue entre les grandes catégories de raccords suivantes :

- angles saillants et rentrants ;
- raccords aux portes et fenêtres ;
- soubassement ;
- raccords à la toiture ;
- raccords aux autres revêtements de façade.

5.1 Angles saillants et rentrants

Lames verticales

Les angles saillants d'un bardage vertical sont les points les moins problématiques : les lames s'y rencontrent tout simplement à joint vif. Il pourra s'agir de lames entières ou de demi-lames – deux variantes requérant l'une et l'autre peu de travail. Aucun profilé d'angle supplémentaire n'est en général nécessaire, et c'est précisément dans cette simplicité que réside tout le charme de ce type de revêtement.

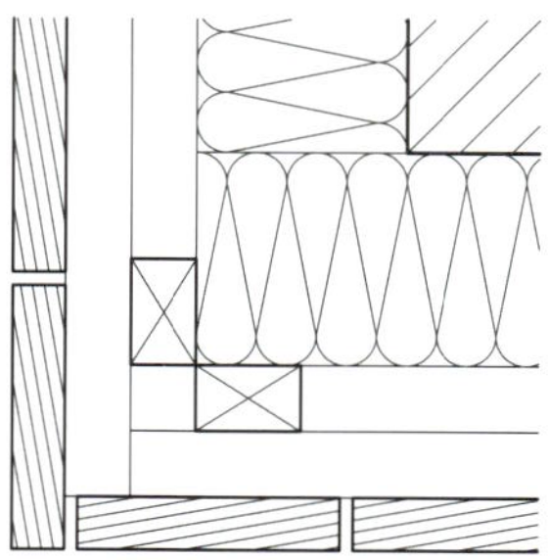

5.2
Bardage à lames verticales à recouvrement avec lames d'angle clouées.

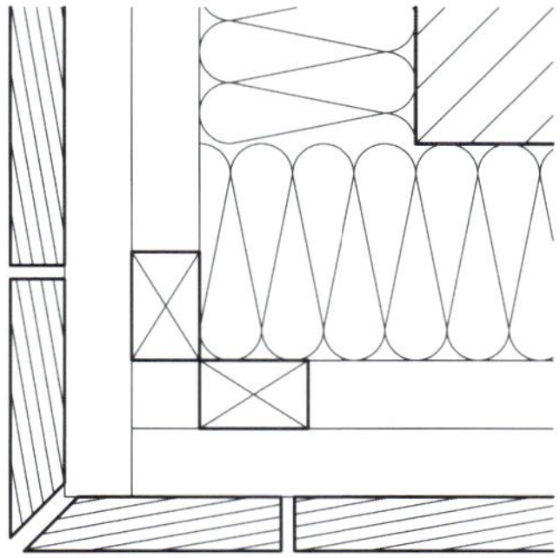

5.3 *ci-dessus et au milieu*
Bardage à lames verticales de différentes largeurs. Les lames d'angle sont coupées d'onglet et posées, comme les autres, à joint ouvert, ce qui permet au bois de travailler librement.

5.4 *en haut à droite et ci-contre*
Eine-Welt-Kirche à Schneverdingen, en Basse-Saxe. Bardage à profils alternés. Les cornières en acier galvanisé servent à visser les éléments de bardage, tout en remplissant une fonction esthétique.

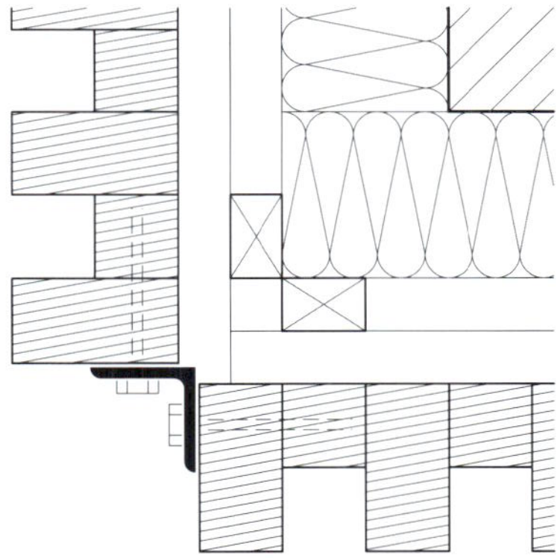

5.5 *ci-dessous et en bas à droite*
Profilé d'angle cloué sur un bardage à couvre-joints.

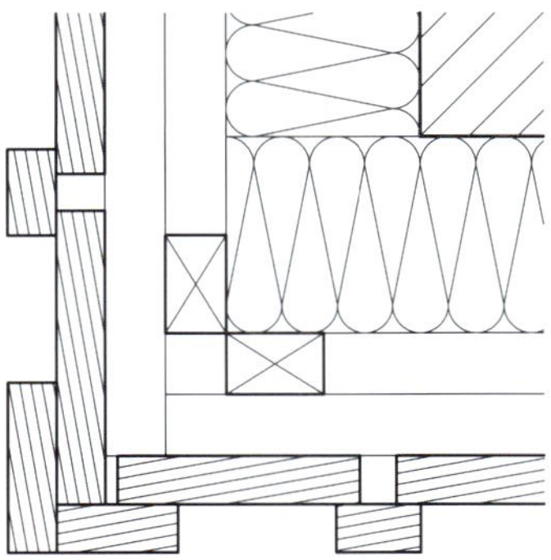

Lames horizontales

Lorsque les lames sont posées à l'horizontale, les détails d'angle n'ont pas seulement un plus grand impact visuel, mais se révèlent aussi plus exigeants en termes de qualité d'exécution. La solution qui requiert le plus de savoir-faire – les angles vifs formés de deux lames coupées d'onglet – n'est pratiquement mise en œuvre qu'en Suisse et dans le Vorarlberg, régions où sont aujourd'hui réalisés les meilleurs bardages en bois.

Une telle exécution n'est possible qu'avec des lames de faible largeur (max. 7 cm) en bois parfait bien sec. Les lames plus larges finissent par se

5.6 *à gauche*
Du tout grand art : lames d'angle coupées d'onglet et posées à joint vif dans un restaurant à Hard, dans le Vorarlberg. Pour pouvoir être bien serrées, les lames sont vissées juste avant le joint. Une telle solution – qui relève davantage de la menuiserie que de la charpenterie – n'est possible qu'avec de minces lames de mélèze non traitées (2 × 7 cm), car les lames plus larges se tuilent, tandis que le bois de bout absorbe l'eau au niveau des joints.

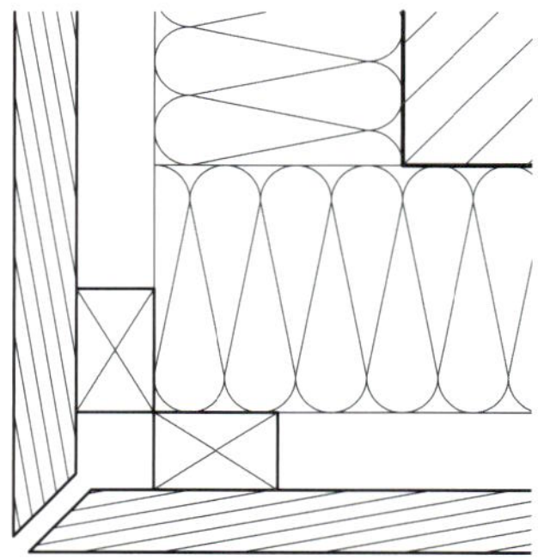

5.7 *ci-dessus*
Bardage à clins avec lames d'angle coupées d'onglet. Le biseautage doit se faire dans deux plans : à 45° dans le sens horizontal, et selon l'angle d'inclinaison des lames (environ 80°) dans le sens vertical. Bien qu'elle requière beaucoup de travail, cette exécution n'empêche pas, à terme, le tuilage des lames et l'ouverture irrégulière du joint.

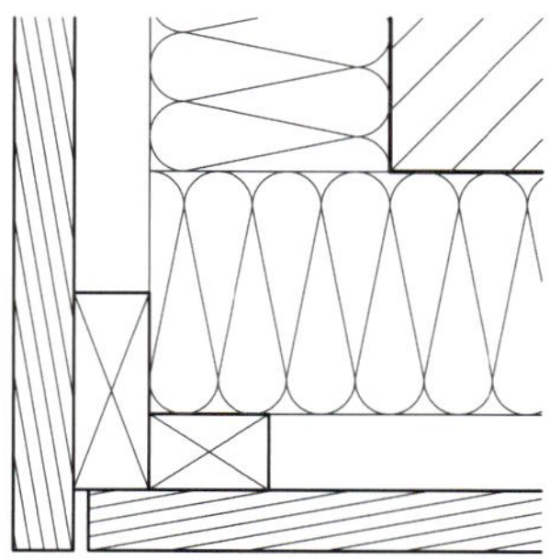

5.8 *à gauche au milieu*
Bardage à profils rhombiformes avec lames d'angle coupées d'onglet et posées à joint ouvert. Toute la façade se compose d'éléments de dimensions maniables, ce qui facilite l'exécution.

5.9 *ci-contre*
Bardage à lames horizontales avec angle à joint ouvert. Pour éviter le tuilage des lames, celles-ci sont chaque fois fixées avec deux vis.

tuiler. Comme les minces lames de mélèze tendent à s'incurver sous l'effet du soleil, on veillera, pour que les joints restent de largeur constante, à ce que les lattes support ne soient pas espacées de plus de 60 cm. On prévoira – y compris pour les lames de faible longueur – au moins trois points de fixation : deux aux extrémités et un au milieu, sans quoi les lames ressembleront vite à des arcs…

Dans le cas d'un bardage avec revêtement superficiel, les joints vifs ne sont possibles que si les tranches sont, elles aussi, soigneusement imprégnées.

La solution la plus simple consiste à prévoir un profilé d'angle, pouvant se composer soit de pièces de bois, soit d'une fine cornière métallique.

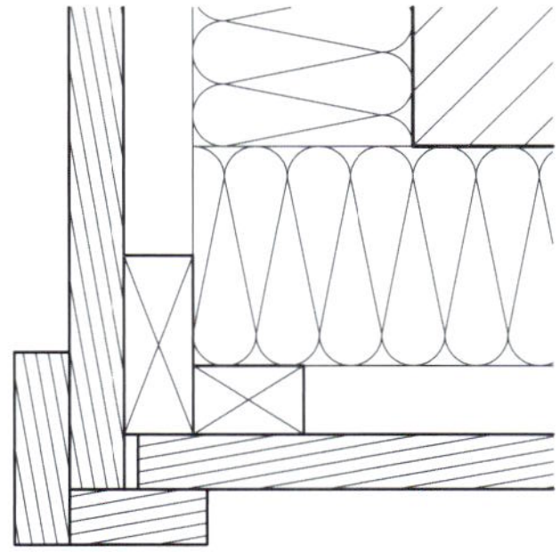

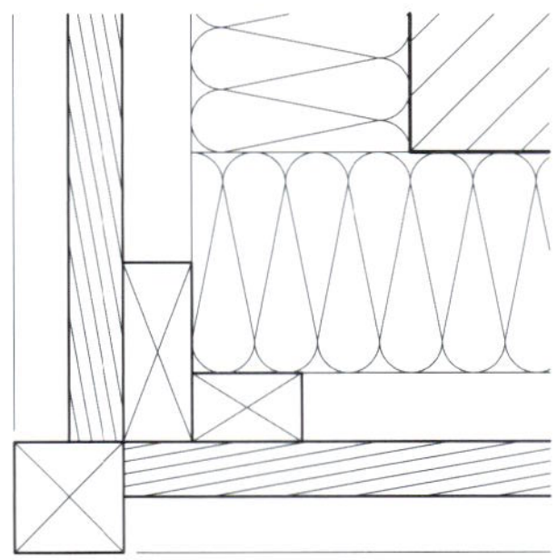

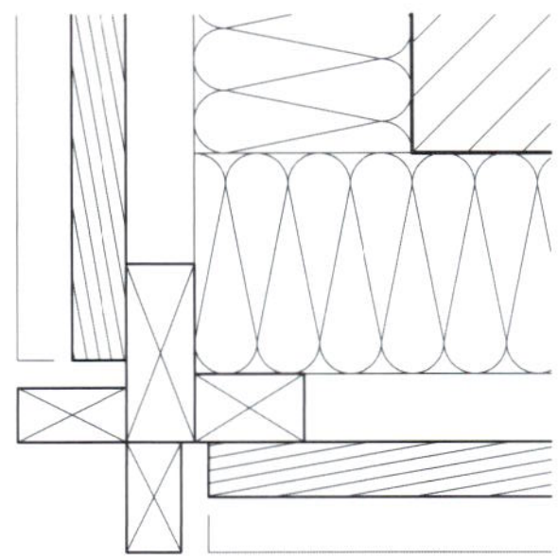

5.10 *en haut*
Détail d'angle typique des maisons en bois scandinaves. Le profilé en bois est simplement cloué sur les lames. Le fait qu'il soit peint en blanc accentue encore l'angle.

5.11 *au milieu*
Détail d'angle traditionnel pour bardage à clins non rabotés : un profilé d'angle de 4 × 4 cm vient fermer le joint, dont la géométrie serait sinon très complexe.

5.12 *ci-contre*
Profilé d'angle composé de deux lattes à toit posées sur chant. Si ces dernières sont fixées en diagonale, elles doivent prendre appui contre les lames et ne peuvent donc en être séparées par un joint ouvert.

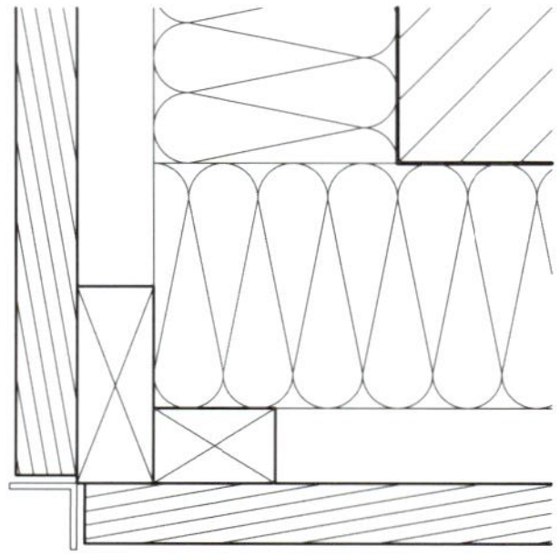

5.13 *ci-contre*
Il est parfois possible de ne choisir le profilé d'angle qu'une fois le bardage en place (p. ex. un profilé carré en bois ou une cornière en aluminium).

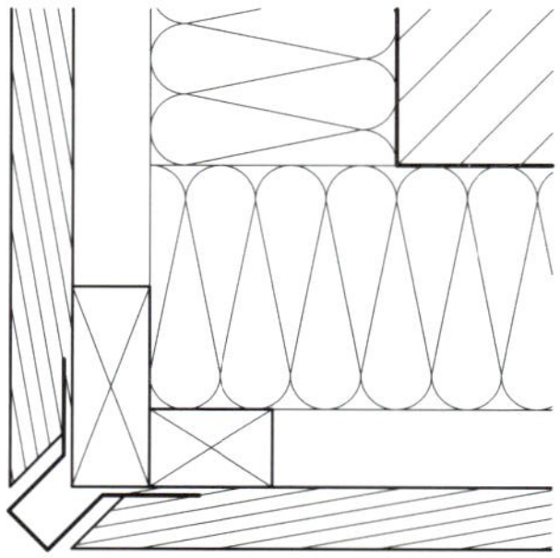

5.14 *ci-contre*
Bardage à profils rhombiformes lasurés gris clair, avec profilé d'angle laqué en tôle d'acier pliée à arêtes vives.

5.15 *en bas à gauche et au milieu*
Bardage à lames horizontales avec mince profilé d'angle en tôle de zinc. Un joint de 1 cm est ménagé entre les lames et le profilé.

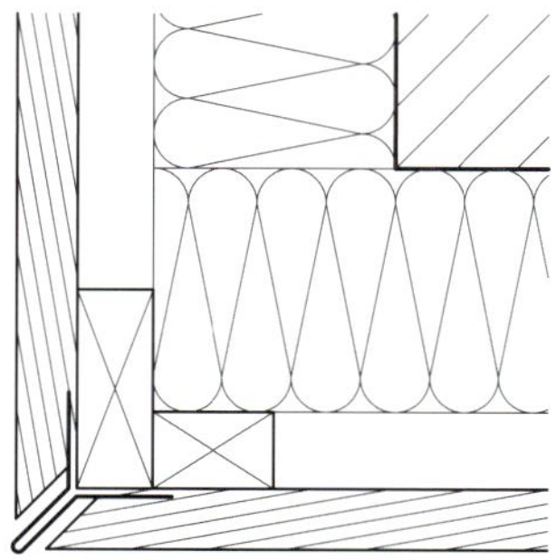

5.16 *ci-dessous*
Même angle qu'à gauche après quelques années d'exposition aux intempéries.

La solution traditionnelle – qui est aussi la plus facile à réaliser – consiste à recouvrir l'angle d'un profilé en équerre, composé de deux lames plus petites. Une telle option permet de masquer d'éventuelles imprécisions dans la découpe des lames du bardage. Comme n'importe quelle entreprise de construction en bois dispose toutefois aujourd'hui d'une scie à onglet, il est devenu élémentaire de découper une lame au millimètre près, si bien que des détails plus exigeants se sont désormais imposés.

Encore une remarque concernant la conception : les détails d'angle représentent, avec les encadrements de fenêtres, les points d'un bardage qui exercent le plus grand impact visuel. Aussi leur exécution devrait-elle toujours être mise en cohérence avec tous les autres raccords apparents.

Angles rentrants

Par rapport aux angles saillants, les angles rentrants ne posent aucun problème constructif particulier, et leur impact visuel est moindre. En principe, on ménage entre les lames qui se rencontrent un joint d'au minimum 10 mm. La petite tranche des lames n'est pas visible, même si le matériau change au niveau de l'angle. Seuls les bardages à clins nécessitent un profilé d'angle pour fermer l'espace triangulaire subsistant entre les lames.

5.17
Angles saillant et rentrant d'un bardage à clins, et limite entre bardage et crépi. S'il est adéquat que le profilé de l'angle saillant ressorte du fait de sa couleur, il aurait mieux convenu que celui de l'angle rentrant soit de la même couleur que le bardage.

5.18
Angle rentrant avec profilé d'angle en bois.

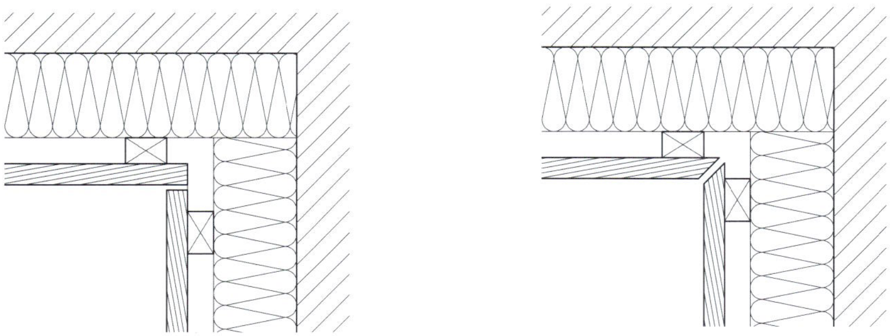

5.19
En principe, les angles rentrants peuvent être exécutés de la même manière que les saillants.
A gauche : pose à joint vif ; à droite : coupe d'onglet avec joint ouvert.

5.2 Soubassement

Les raccords entre bardage et soubassement comptent parmi les points les plus vulnérables d'une façade revêtue de bois. Même un grand avant-toit ne permet pratiquement pas de protéger cette zone, l'exposition à la pluie chassée n'étant efficacement réduite que sur les deux à trois premiers mètres de la façade. En outre, c'est le soubassement qui subit le plus les effets de l'eau ruisselant le long du bardage, mais également de celle qui l'éclabousse en tombant sur le sol.

On pourra remédier au problème du rejaillissement en construisant le soubassement dans un matériau imputrescible (p. ex. maçonnerie, béton ou panneaux de fibrociment) et en observant, entre bardage et terrain, les distances minimales suivantes:

- Au moins 30 cm en présence d'un revêtement de sol en dur (p. ex. dalles de béton), et jusqu'à 50 cm si ce revêtement est lisse et que la façade est très exposée à la pluie.
- Au moins 15 cm en présence d'une bande de gravier d'au moins 200 mm de large (granulométrie d'au moins 16/32 mm).
- Au moins 2 cm en présence d'une grille métallique (laquelle doit être amovible pour permettre le nettoyage du caniveau qu'elle ferme).

5.20
Ce soubassement en béton faisant saillie renforce l'impression que le bâtiment est ancré au sol. Son rebord biseauté à environ 30° empêche l'eau de pluie de rejaillir sur le bardage.

5.21
Exécution adéquate du soubassement: une large bande de gravier (16/32) permet de faire descendre le bardage jusqu'à 15 cm du sol, la dernière lame étant par ailleurs facile à changer.

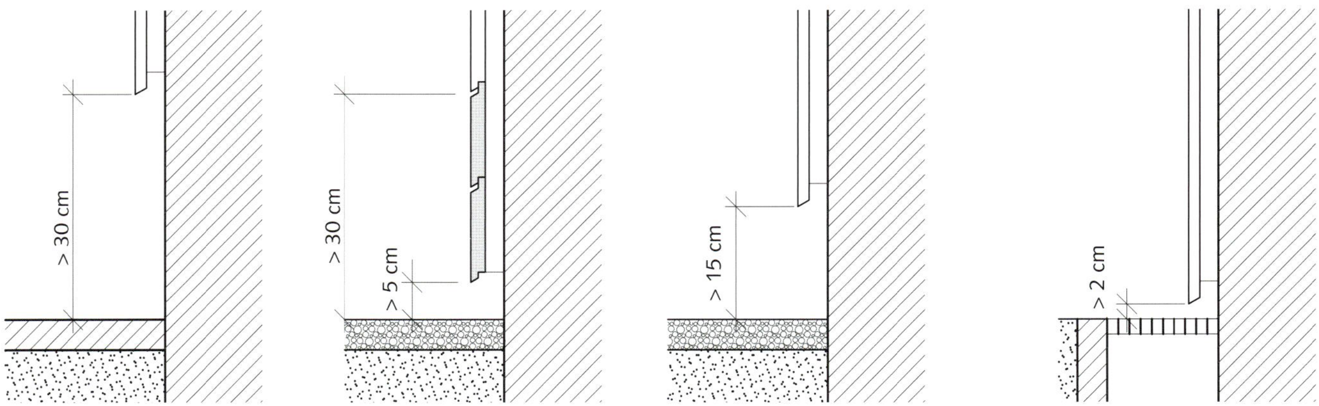

5.22: La distance à prévoir entre bardage et terrain dépend de la nature du sol ou de son revêtement.

Le soubassement ne devrait être recouvert d'aucune végétation, car l'humidité accrue qui en résulterait ne ferait qu'augmenter le risque de pourrissement du bois, déjà très exposé. De même, un sol se terminant par une couche d'humus risquerait, par rejaillissement, de salir le soubassement et d'accélérer la dégradation du bardage.

Les plantes grimpantes – en particulier le lierre – s'introduisent dans les moindres joints et fentes d'un bardage. Il n'en résulte pas seulement une augmentation de l'humidité du bois, mais aussi, dans certains cas, des perforations ponctuelles du film pare-pluie et de l'isolation. Même si ce type de végétation agrémente les façades, il convient d'en prévenir la croissance incontrôlée.

Un soubassement peut en principe être réalisé en saillie, en retrait ou au nu du bardage. Un soubassement en béton ou en maçonnerie faisant saillie devra présenter un rebord biseauté à 15-30°.

Un soubassement en saillie protège le bord inférieur du bardage contre les dommages mécaniques et se révèle plus facile à nettoyer.

Les soubassements en retrait peuvent être réalisés soit dans un matériau massif, soit au moyen de panneaux résistants au pourrissement. Si l'on utilise par exemple des panneaux en fibrociment de 6 à 8 mm d'épaisseur, ceux-ci seront vissés au même support que le bardage, mais derrière les lattes. On veillera ici à ce que l'isolation se compose, derrière les panneaux, d'un matériau résistant à l'humidité (mousse rigide à cellules fermées, verre cellulaire, etc.). Moyennant ces précautions, il ne sera en général pas nécessaire de ventiler le soubassement.

Le raccord entre soubassement, mur de façade et plancher sur sous-sol ou radier revêt une importance déterminante. Il convient ici d'éviter tout pont thermique, sans quoi des dommages risquent de se produire.

Le film pare-pluie devra, dans tous les cas, être posé de manière à ce que l'eau soit évacuée avant d'atteindre le soubassement.

5.23 *en haut*
Ici, le soubassement est mal exécuté : la distance entre sol et bardage devrait être deux fois plus importante au niveau du dallage en béton qu'au niveau du lit de gravier, et non l'inverse.

5.24
Les grilles métalliques constituent le moyen le plus efficace de réduire le rejaillissement. Elles permettent de protéger le bois des dommages et le soubassement – ici en fibrociment – des salissures.

5.25
Quel que soit le charme d'un bardage se perdant dans la végétation, les lames situées au niveau du soubassement s'en trouveront inéluctablement imbibées d'humidité. Même si elles sont en mélèze de Sibérie, elles devront être changées tous les dix à quinze ans.

5.3 Joints horizontaux et verticaux

Subdivisions horizontales et verticales de la façade

Il existe deux grandes raisons de subdiviser une façade.

- La première est de nature constructive : les matériaux ont des dimensions limitées et l'exécution doit être rendue aussi commode que possible.
- La seconde est de nature esthétique : on peut préférer que les grandes surfaces soient structurées.

A partir d'une certaine longueur, les lames de bardage sont trop difficiles à manipuler. Si l'on part du principe qu'un bardage en bois doit pouvoir se poser à deux, il reste possible de couper et de mettre en place sans trop de problèmes des lames allant jusqu'à trois mètres de longueur. Au-delà, une subdivision de la façade se révèle indispensable.

Selon l'effet esthétique recherché, on pourra accentuer les joints ou, au contraire, les rendre les moins voyants possible. Si la façade doit apparaître comme une grande surface d'un seul tenant, sans que les joints n'obéissent à une structure bien définie, on pourra opter pour des joints décalés d'une rangée de lames à l'autre. On prévoira cependant, derrière chaque joint, une latte sur laquelle puissent être fixées les extrémités des lames. Lorsqu'elles sont entreposées au soleil, les lames trop longues et humides ont tendance à s'incurver et se révèlent dès lors très difficiles à maintenir droites si on les pose en façade.

5.26
Hvide Sande, au Danemark : maisons de vacances avec bardage lasuré à lames verticales à recouvrement. De forme claire, les volumes sont subdivisés, à la verticale, par un tuyau de descente posé au nu de la façade et, à l'horizontale, par un profilé en Z placé à la hauteur du plancher intermédiaire. Les détails renforcent l'effet recherché. Les lames d'un même niveau ont toutes la même longueur.

5.27
Détail de l'intersection entre les éléments de structuration vertical (tuyau de descente affleurant) et horizontal (profilé en Z en tôle de zinc), dont la fonction n'est pas qu'esthétique.

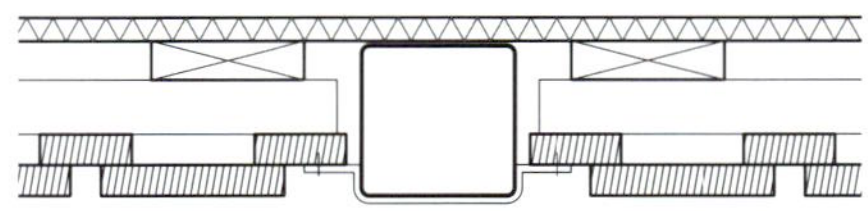

Joints horizontaux

Dans le cas d'un bardage à lames verticales, on pourra traiter les joints horizontaux comme de véritables éléments de composition ou, au contraire, les réduire à des dispositifs constructifs très discrets – ou encore combiner les deux.

Par nature, toutes les lames ne sont pas droites. Lorsqu'un bois riche en résine – comme le mélèze – est entreposé un certain temps au soleil avant d'être mis en œuvre, les planches s'incurvent souvent à tel point qu'il devient difficile de les utiliser sous forme de longues lames. Et comme il est en général bien plus aisé de poser deux lames de 2,5 m de longueur qu'une seule de 5 m, il est judicieux de prévoir un joint horizontal par niveau – ce qui structure aussi visuellement la façade.

Joints verticaux

Quel que soit le mode de pose retenu, les bardages à lames horizontales nécessitent de prévoir des joints verticaux dont on pourra, ici encore, atténuer l'impact visuel ou, au contraire, l'accentuer (p. ex. au moyen d'un profilé).

L'exécution la plus discrète consiste à décaler les joints verticaux d'une rangée de lames à l'autre, de manière à faire ressortir la continuité des lignes horizontales. Il est recommandé de ménager entre les lames un joint de 10 mm, afin d'éviter que de l'humidité ne s'y accumule et n'imbibe le bois de bout. Il convient de traiter une nouvelle fois avec grand soin les découpes des lames recouvertes d'une couche protectrice. Par ailleurs, les joints devront toujours coïncider avec les lattes verticales

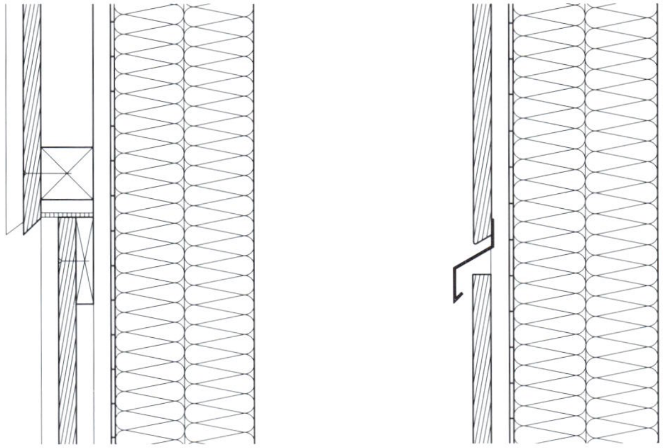

5.28 *ci-dessus*
Deux modes d'exécution possibles des joints horizontaux : par décrochement/recouvrement ou au moyen d'un profilé en Z.

5.29
Joint horizontal formé par décrochement du bardage. A l'étage, le lattage est renforcé d'une épaisseur de lame, de sorte que les lames supérieures recouvrent celles de dessous. Autre avantage : le raccord supérieur des lames du rez-de-chaussée ne requiert pas une stabilité dimensionnelle absolue.

5.30
Ce bardage à claire-voie se compose d'éléments préfabriqués dont les lames sont posées à joints vifs. Si l'on ne peut qu'admirer la précision de l'exécution, la netteté des joints s'estompera, au fil des années, du fait du retrait différentiel des lames. A l'horizontale, on ne devrait opter pour des joints vifs que dans le cas d'un bardage non traité.

sous-jacentes, afin que les lames puissent y être fixées à leurs extrémités. Le cas échéant, on dédoublera les lattes au niveau des joints.

5.31 *ci-contre*
Joints verticaux décalés dans un bardage à rainure et languette non traité.

5.32 *au milieu à gauche*
Bardage lasuré à joints verticaux accentués. Le calepinage de la façade est parfaitement adapté aux dimensions des baies.

5.33 *ci-dessous*
Détail. Pour empêcher que de l'eau ne s'y accumule, les joints ont une largeur de 1,5 cm.

5.34 *en bas à gauche*
Les longues façades peuvent être subdivisées par des joints verticaux bien marqués. La solution la plus simple consiste à y insérer une simple latte.

5.35 *en bas au milieu*
Détail. Ces lattes de toiture brutes de sciage de 4/6 cm vont bien avec le bardage. Les joints ménagés de part et d'autre compensent les légères imprécisions dimensionnelles, tout en permettant au bois de bout de sécher rapidement.

5.36 *ci-dessous*
Exécution des joints, détails.

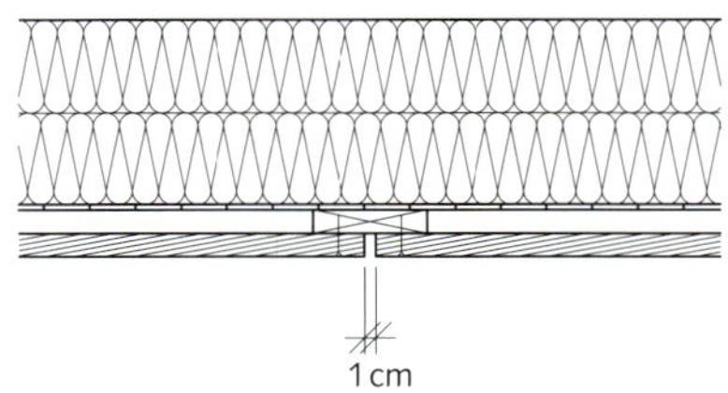

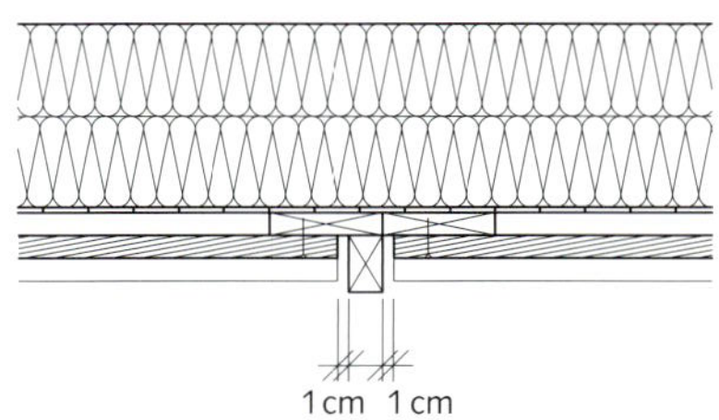

5.4 Raccords entre bardages et autres revêtements

Raccords horizontaux

Il arrive souvent que l'on habille les niveaux supérieurs d'un bâtiment d'un bardage en bois, mais que l'on opte, au rez-de-chaussée, pour un autre revêtement (p. ex. du crépi). Une telle solution présente certains avantages.

- Une façade en maçonnerie apparente ou crépie résiste mieux aux sollicitations mécaniques, auxquelles le rez-de-chaussée est plus exposé que les étages.
- Si la façade du rez-de-chaussée est en maçonnerie apparente ou crépie, il est possible de réaliser un soubassement résistant à l'humidité sans changer de matériau au niveau du terrain.
- Comme un avant-toit n'est guère en mesure de protéger efficacement la partie inférieure d'un bâtiment, réaliser celle-ci dans un matériau plus résistant permet de diviser par deux la fréquence d'entretien des bardages.

Au niveau du passage d'un matériau à l'autre, on a la plupart du temps affaire à l'une des situations suivantes :

- En partie inférieure, la maçonnerie est dotée d'un système d'isolation thermique périphérique (ITE). L'épaisseur de l'isolation étant la même en partie supérieure, le bardage fait légèrement saillie par rapport au crépi.
- En partie inférieure, la maçonnerie est doublée d'un parement en brique qui, étant plus épais que le bardage, doit être recouvert d'une bavette en tôle.

Dans les deux cas, il s'agit d'assurer un bon écoulement de l'eau. Dans la première variante, il s'agit d'éviter que de l'eau ne s'infiltre derrière le crépi et ne provoque, en hiver, des dommages dus au gel. Pour ce faire, il est recommandé de commencer par poser l'ITE et de ne fixer le bardage que dans un deuxième temps. Le crépi devrait monter environ 5 cm plus haut que le bord inférieur de la grille anti-insectes, de sorte que le film

5.37 *à droite*
Pour obtenir un raccord propre entre bardage et crépi, il convient de commencer par appliquer ce dernier.

5.38 *à gauche*
Raccord entre un bardage et un parement en brique recouvert d'une bavette en tôle de zinc. L'espace entre bardage et bavette doit permettre un bon écoulement de l'eau.

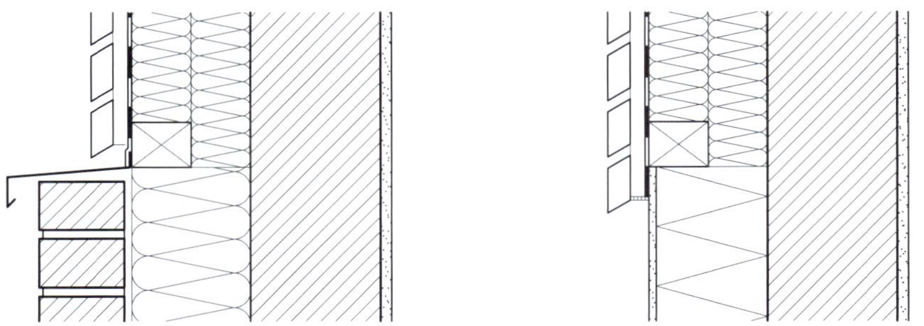

5.39 : Détail en coupe des deux variantes.

pare-pluie puisse le recouvrir d'autant (voir ill. 5.39).

Un parement en brique résiste mieux aux infiltrations d'humidité, mais son couronnement doit être recouvert d'un profilé en tôle de zinc en Z ou d'un profilé en aluminium pour appui de baie. Le film pare-pluie doit être collé sur l'aile supérieure du profil.

Raccords verticaux

Les raccords verticaux entre bardages et autres revêtements de façade ne posent pas de problèmes particuliers. Le mieux est de ménager, entre les deux matériaux, un joint d'environ 1 cm. L'important est que les couches hydrofuges qu'ils recouvrent (film pare-pluie, panneaux ouverts à la diffusion de vapeur, etc.) soient collées de façon étanche au vent et à la pluie.

5.40
Raccord entre bardage à lames et panneaux dérivés du bois. Une mince latte permet de compenser les différences d'épaisseur entre les deux constructions.

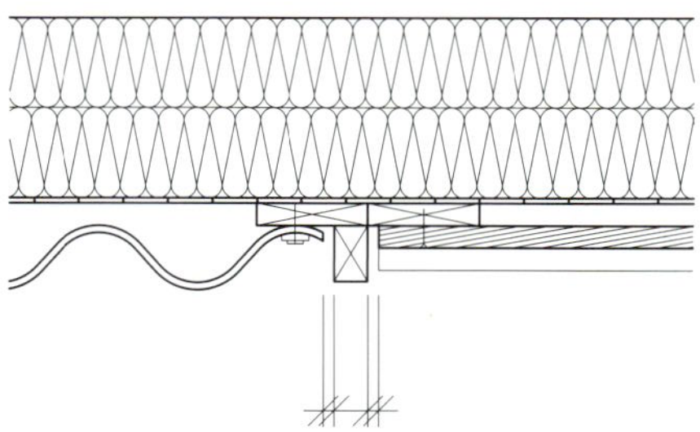

5.41
Raccord entre un bardage à clins et un revêtement en plaques de fibrociment ondulées. Un profilé intermédiaire permet de compenser les différences de géométrie entre les deux matériaux.

5.5 Raccords entre bardage et toiture

L'exécution des raccords entre bardages et rives ou égouts de toiture dépend de la forme des éléments mis en œuvre. Lorsque le bardage doit être raccordé à un débord de toiture ou à une gouttière, on fait en général monter les lames jusqu'à ces éléments, en ménageant simplement, entre les deux, un joint d'au moins 10 mm pour que l'eau puisse être évacuée.

Si la façade se termine par une couvertine recouvrant le bardage, il n'est pas nécessaire de découper les lames avec une grande précision, dans la mesure où l'on dispose en principe d'un jeu de 1 à 2 cm. Si le bardage doit être raccordé aux rives d'une toiture inclinée, cependant, l'extrémité des lames doit être découpée en conséquence – que celles-ci soient posées à l'horizontale ou à la verticale.

5.42
Bardage à lames verticales à recouvrement raccordé à une toiture inclinée. L'extrémité des lames étant recouverte par la couvertine et la gouttière, elle ne doit pas être découpée avec une précision absolue.

5.43
Bardage raccordé à l'égout et à la rive d'une toiture en débord. Les lames s'arrêtent à environ 5 cm de la sous-face en contreplaqué de la toiture, de sorte que le joint puisse être garni d'une grille anti-insectes. Un tel raccord requiert une découpe très précise des lames, qui doivent suivre l'inclinaison de la rive.

5.44
Raccord d'angle avec cornière en aluminium de 35/35 mm et raccord de toiture avec couvertine de 80 mm de hauteur. Tous les raccords d'un bardage doivent être conçus les uns en fonction des autres.

5.45
Bardage raccordé à un toit à un pan. La façade se termine, sous la toiture, par un profilé pour appui de baie. Le bardage est séparé de la couverture par des panneaux dérivés du bois d'environ 30 cm de largeur, de sorte que la toiture semble flotter sur la maison.

5.6 Raccords entre bardage et fenêtres

Selon le mode de pose et l'orientation des lames, on pourra envisager différentes manières d'exécuter les encadrements de fenêtres – choix qui aura une influence majeure sur l'aspect de la façade, mais aussi sur l'investissement nécessaire. Comme pour l'exécution des angles, tout dépendra ici du savoir-faire des constructeurs. Les encadrements de baies sont bien plus faciles à réaliser dans le cas d'un bardage à lames verticales, car il n'y a pas ici de bois de bout à protéger et/ou à traiter d'une façon esthétiquement satisfaisante. La position des fenêtres dans le mur représente un critère architectural et constructif déterminant : si celles-ci sont placées très en retrait dans l'embrasure, cela les protégera certes des intempéries (ce qui est particulièrement bienvenu pour les fenêtres en bois), mais aura aussi tendance à leur donner des allures de meurtrières. Si les fenêtres sont placées plus en avant, l'embrasure pourra être dotée d'un encadrement discret, dont la profondeur correspondra à peu près à l'épaisseur des lattes et des lames du bardage. Quant aux fenêtres posées au nu de la façade, elles ne requièrent aucun encadrement, mais il convient de veiller au bon écoulement de l'eau sur leur partie supérieure.

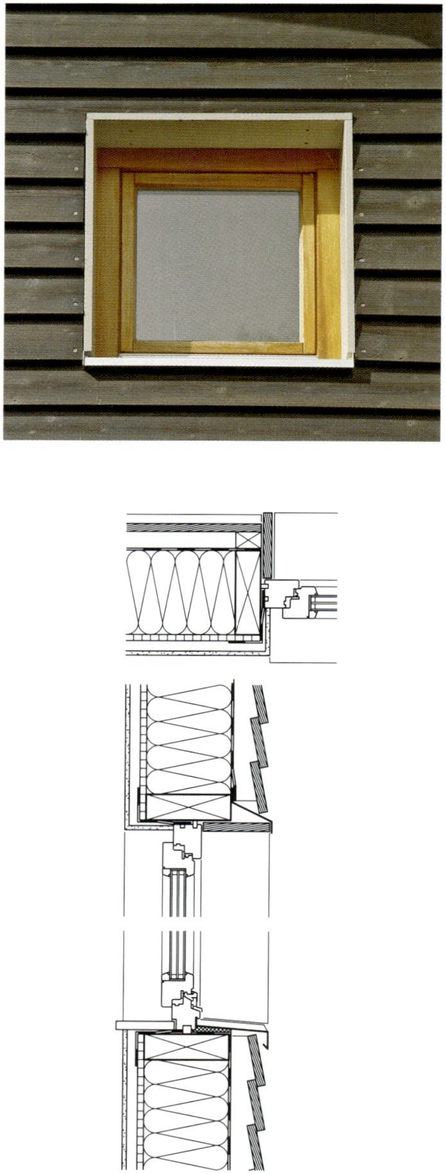

5.46
Dans le cas d'un bardage à clins, les encadrements de fenêtres doivent faire saillie pour recouvrir entièrement la tranche des lames.

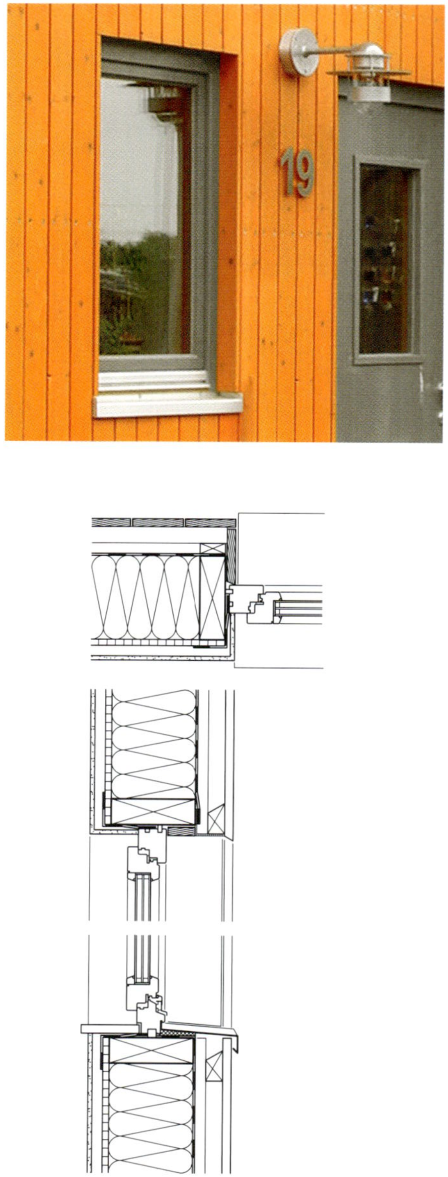

5.47
Une solution aussi simple qu'élégante : l'encadrement de baie étant peint dans la même couleur que le bardage, les châssis gris foncé des fenêtres ressortent d'autant mieux.

5.48 *à gauche*
L'embrasure est revêtue de discrets panneaux ne recouvrant pas la tranche des lames, dont le tuilage est dès lors plus perceptible.

5.49 *à droite*
Le traitement de l'embrasure est ici comparable à celui de l'ill. 5.48 mais, comme celle-ci est moins profonde et de même couleur que le bardage, le tuilage des lames se remarque moins.

5.50 *à gauche*
Raccord d'un bardage diagonal à une fenêtre. Rien ne demande plus de travail qu'une telle exécution ! Chaque lame doit être adaptée séparément.

5.51 *à droite*
L'encadrement nature contraste avec le bardage rouge. La forte inclinaison de l'appui de baie empêche la saleté de s'y accumuler, ce qui permet d'éviter que des traces ne se forment sous la fenêtre.

5.52 *à gauche*
Fenêtre au nu d'un bardage horizontal à rainure et languette. Si une telle solution est d'un aspect plaisant, elle ne permet pas d'assurer l'étanchéité de la fenêtre dans le plan de la façade et convient donc mal aux bardages à lames horizontales, sujettes au tuilage.

5.53 *à droite*
Fenêtres au nu du bardage. Pour obtenir des raccords propres, les dimensions des fenêtres doivent correspondre à la trame du bardage.

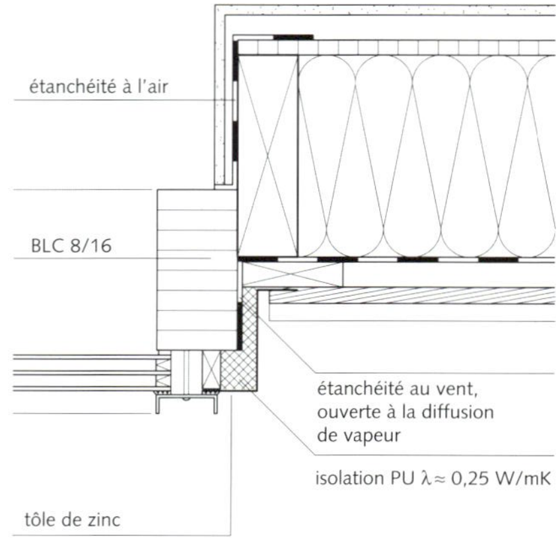

5.54
Fenêtre en saillie, encadrée d'un profilé en tôle de zinc. L'étanchéité se trouve dans le plan du film ouvert à la diffusion de vapeur.

5.55 *à gauche*
Les planches de 3 cm d'épaisseur qui habillent l'embrasure se détachent clairement des petits bardeaux en mélèze.

5.56 *à droite*
Le revêtement en bardeaux se retourne au niveau de l'embrasure, qui paraît de ce fait moins profonde.

5.7 Eléments de façade mobiles

Pourquoi faudrait-il qu'un revêtement de façade soit mobile? La réponse est simple: les constructions fixes ne pourront plus, à l'avenir, satisfaire aux exigences que doit remplir une façade moderne. En effet:

- Pour avoir plus de lumière, on augmente la taille des baies, ce que les triples vitrages isolants actuels permettent de faire sans perte de confort en hiver.
- L'amélioration constante des isolants thermiques accroît les risques de surchauffe derrière les grands vitrages (surtout dans les entre-saisons et en été), de sorte que des dispositifs pare-soleil extérieurs se révèlent nécessaires.
- Il est pratiquement indispensable que les grandes baies vitrées soient dotées d'un dispositif anti-éblouissement protégeant du soleil bas.
- Il faut aussi que l'on puisse se protéger des regards extérieurs, surtout aux heures où la lumière artificielle permet de voir à l'intérieur.
- Plus les surfaces vitrées sont importantes, plus on a besoin de se sentir en sécurité. Quand on vit dans une maison de verre…

Quelles sont les possibilités?

Toutes les fonctions susmentionnées peuvent être remplies par des éléments mobiles en bois que l'on pourra – selon leurs dimensions, la place disponible et la maniabilité requise – choisir coulissants, pivotants, pliants ou à projection.

Tableau 5.1
Aperçu des différents types d'éléments de façade mobiles.

Type d'élément	Taille max.	Quincaillerie	Exécution	Maniement
Coulissant	jusqu'à 20 m²	rails à chariots courants	comme le bardage	aisé, treuil éventuellement nécessaire pour éléments ≥ 10 m²
Pliant	5 – 6 m²	châssis autoporteur articulé (sur mesure)	châssis en acier nécessaire	aisé
A projection	1,5 – 2 m²	charnières courantes	comme le bardage	parfois difficile

Eléments coulissants

La réalisation d'un dispositif coulissant présuppose que la façade offre la place nécessaire pour accueillir les éléments en position ouverte. Les systèmes de rails à chariots modernes peuvent supporter de lourdes charges. Comme le poids des éléments coulissants n'agit qu'à la verticale, ceux-ci peuvent être plus grands et plus lourds que les éléments pliants ou à projection.

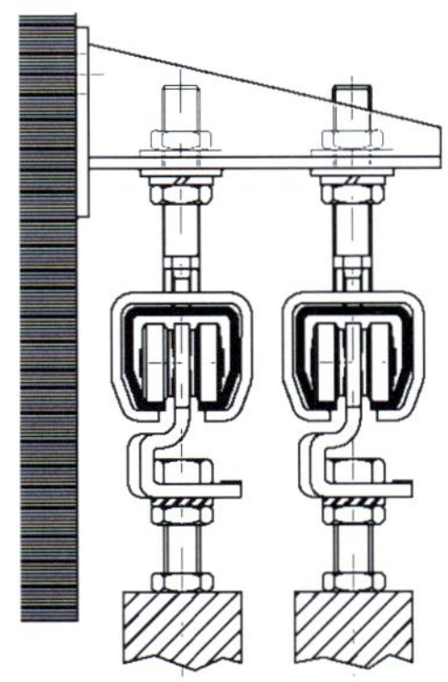

5.57
Double rail de guidage avec chariots à galets. Disposer les éléments coulissants sur deux plans parallèles permet de réduire d'autant l'espace où les loger.
Source: www.helm.de

Charges pour rails et chariots						
N° de profilé	100	300	400	500	600	700
Largeur/hauteur	30/28 mm	40/35 mm	48/43 mm	65/60 mm	80/75 mm	110/90 mm
Charge admissible par paire de chariots (prévoir deux paires de chariots par élément coulissant)						
Un axe	30 kg	65 kg	100 kg	200 kg	400 kg	700 kg
Deux axes	45 kg	85 kg	150 kg	300 kg	600 kg	1000 kg

Tableau 5.2
Charges admissibles pour différents rails et chariots. Source: www.helm.de

5.58

Maison à Bregenz. Surplombant le lac de Constance, le bâtiment est revêtu d'un bardage à lamelles de mélèze dont on ne perçoit pas d'emblée la flexibilité. Celui-ci peut être déplacé en tout ou partie pour assurer une protection ciblée contre le soleil et les regards extérieurs, ce qui modifie chaque fois l'aspect de la façade.

Les éléments de bardage sont suspendus par des chariots ordinaires à un rail fabriqué en série. Les lamelles ne sont pas fixées sur un lattage, mais enfilées sur des barres filetées espacées d'environ 60 cm. L'écartement de 10 cm entre les lamelles est maintenu par des tubes en plastique.

Exécution des éléments coulissants

Pour assurer la rigidité et limiter la flèche des grands éléments coulissants en bois ou en panneaux dérivés du bois, ceux-ci doivent être dotés d'un châssis en acier ou en aluminium. Comme il n'existe pas ici de constructions fabriquées en série, de telles structures doivent être développées et testées au cas par cas. On devra vérifier, par des simulations adéquates, que les éléments ne déparent la façade ni en position ouverte, ni en position fermée. Même une exécution précise ne permettra pas d'éviter les bruits de claquement en cas de fort vent.

Les critères d'exécution sont:

- la taille et le poids des éléments;
- les charges de vent agissant sur la façade et les claquements pouvant en résulter;
- les dispositifs de guidage supérieur et inférieur;
- les possibilités de fixer les éléments dans différentes positions;
- l'entretien des chariots et des rails de guidage.

5.59 *en bas à gauche*
Vitrage d'angle d'une maison rénovée. Les éléments coulissants sont de même matériau et couleur que le bardage en panneaux de particules liées au ciment, avec lequel ils tendent dès lors à se confondre.

5.60 *en bas au milieu*
En position fermée, les éléments coulissants forment une unité avec le bardage.

5.61 *ci-contre*
Coupe verticale d'un volet coulissant avec chariot à galets, rail inférieur et pièces de fixation.

5.62 *en bas à droite*
Raccord d'angle des éléments en partie haute. Les amortisseurs en caoutchouc posés sur la tranche des volets permettent d'éviter les claquements.

Détail des raccords supérieur et inférieur

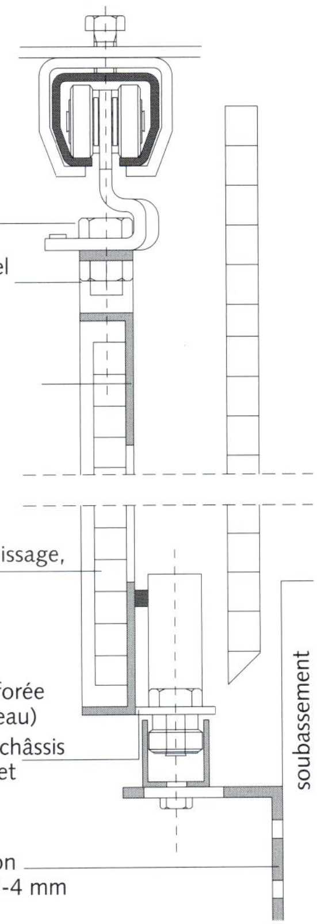

5.63 *ci-contre*
Maison à Bad Schachau, au bord du lac de Constance. Constitués de panneaux trois plis laqués, les volets coulissants offrent, en position ouverte, une protection supplémentaire contre les regards et le bruit émanant des logements voisins. Les fentes horizontales qui y sont pratiquées laissent filtrer un peu de lumière même quand les volets sont fermés.

5.64 *au milieu*
Détail des volets coulissants. On distingue bien le fin châssis en acier qui les rigidifie tout en permettant une fixation discrète des charnières. Un profilé alu en Z empêche l'eau de stagner sur le châssis.
Fabricant: www.blanke.at

5.65 *ci-dessous*
Bardage à panneaux trois plis à Weiz, en Styrie. Les volets pliants confèrent à la façade un aspect toujours changeant. Les châssis en acier de couleur foncée forment un plaisant contraste avec le brun des panneaux. Les rails de guidage sont soigneusement intégrés au bardage.

Eléments pliants

Lorsque les surfaces transparentes sont plus importantes que les parties de façade opaques et que ces dernières ne suffisent donc pas pour abriter des éléments coulissants, les volets pliants peuvent constituer une alternative intéressante. Leurs ferrures se révèlent toutefois plus sophistiquées, et ils sont davantage susceptibles de claquer sous l'effet du vent.

Comme les éléments pliants requièrent deux rails de guidage – l'un en haut, l'autre en bas – et qu'ils doivent parfaitement s'intégrer dans l'embrasure des baies, ils impliquent un plus grand travail d'élaboration des détails que les coulissants. Les volets pliants étant par ailleurs très exposés aux intempéries, leurs ferrures doivent être régulièrement huilées et leurs panneaux plus souvent repeints que les autres parties de façade.

De tels éléments produisent cependant, lorsqu'ils sont repliés, des effets d'ombre et de lumière variés, et confèrent à la façade une profondeur supplémentaire.

Eléments à projection

Les volets à projection pesant entre 15 et 20 kg/m^2 environ, ils ne sont envisageables que pour des fenêtres de dimensions limitées et ne s'ouvrent sans effort que de quelques degrés. Si la fenêtre s'ouvre elle-même par projection, le volet suit automatiquement le mouvement, mais ne peut être amené en position horizontale que de l'extérieur (voir ill. 5.66).

Dans le cas d'une fenêtre oscillo-battante, le volet à projection pourra aussi s'ouvrir manuellement de l'intérieur, mais seulement au prix d'un certain effort.

Les éléments à projection permettent de régler assez finement la protection qu'ils offrent contre le rayonnement solaire et l'éblouissement, et contribuent, comme les volets pliants, à animer la façade. Pour peu qu'on s'accommode d'un maniement moins aisé, ce type d'éléments peut être réalisé en utilisant des ferrures toutes simples. Si les volets restent souvent ouverts, la face exposée aux intempéries se délavera beaucoup plus vite que le reste de la façade.

5.66
Bardage à lamelles avec élément pare-soleil à projection en position ouverte et fermée. Le volet est construit comme le bardage, à ceci près que le lattage en bois y est remplacé, pour laisser passer plus de lumière, par des rails en aluminium. Le volet ne peut être ouvert à 90° que de l'extérieur. Lorsqu'on ouvre la fenêtre à projection pour aérer, le volet se déplace avec.

5.67
Volet à projection entrouvert. La rotation est assurée par de simples charnières, qui permettent de régler l'ouverture du volet de façon fine.

5.68
Un appui de baie en bois se dégrade plus vite qu'un autre en aluminium, mais s'intègre souvent mieux à la façade.

5.69
Une lame inclinée subdivise la façade à la manière d'une corniche. Même si l'eau peut s'écouler sans problème, cette pièce devra être remplacée au plus tard après dix ans.

5.70
Dans le cas d'un bardage horizontal, il n'est pas indispensable de prévoir un soubassement de 30 cm, à condition toutefois que les trois lames inférieures puissent être facilement remplacées le moment venu.

Digression : éléments d'usure

Un bardage en bois ne se conçoit pas pour l'éternité. Et ce n'est pas nécessaire. L'important est d'aborder la problématique du vieillissement de façon responsable. Même si l'on soigne l'exécution et que l'on applique scrupuleusement les règles de l'art, les normes et les recommandations des organismes spécialisés, on n'évitera jamais les dégradations ponctuelles dues au temps et aux intempéries.

A cet égard, on pourra choisir entre deux attitudes :

- Faire preuve de décontraction en acceptant que les éléments très exposés à l'humidité doivent être remplacés après quelques années, et concevoir le bardage en conséquence.
- Viser la perfection, tant au niveau de la conception que de l'exécution. Cette option peut impliquer certaines restrictions dans le traitement formel et la mise en couleurs des éléments, et nécessite que les plus exposés soient protégés en conséquence (linteaux et appuis de baies en ferblanterie, soubassements de hauteur suffisante, dispositifs anti-rejaillissement, etc.).

Si l'on entend réaliser un bardage d'une grande qualité esthétique sans changement de matériau, il se peut alors que certains éléments soient exposés à une dégradation rapide, notamment au niveau du soubassement, des baies et des raccords. Ces pièces d'usure devraient être expressément considérées comme telles, et fixées de manière à ce qu'on puisse les remplacer facilement. On devrait toujours garder quelques lames d'origine en réserve.

6 Traitement superficiel

6.1 Grisaillement naturel

Amorcé dans les années 1980, le développement de la construction écologique a rendu le grisaillement naturel des bardages en bois socialement acceptable. Tout a commencé dans le Vorarlberg, où de jeunes architectes ont renoué avec la tradition des bardages en mélèze laissé naturel, tout en l'alliant au langage architectural moderne des bâtiments à toit plat. Cette approche a ensuite été reprise en Allemagne, sans être guère remise en question. On escomptait que le bois finirait par prendre partout une teinte gris argenté homogène. Malheureusement, c'est rarement ce qui s'est produit. Les paragraphes suivants décrivent les facteurs qui influent sur la qualité du grisaillement.

Altérations superficielles

Une fois qu'un bardage est posé, la structure et la couleur du bois commencent très vite à s'altérer. Les principaux facteurs de dégradation naturels sont le rayonnement solaire et l'action de la pluie et de la condensation.

De fait, les parties de façade qui sont abritées par des avant-toits, des balcons, des porte-à-faux ou des appuis de baies ne s'usent pratiquement pas, mais prennent tout au plus une teinte plus foncée. Sur les parties de façade régulièrement exposées aux intempéries s'amorce en revanche, au plus tard après deux ou trois ans, un processus de grisaillement qui aboutit, dans le meilleur des cas, à une surface gris argenté. Ce processus est soumis à l'influence des facteurs suivants :

6.1
La façade ouest de l'école principale de Klaus, dans le Vorarlberg, a grisaillé de façon parfaitement homogène – ce qui renforce encore la pureté du volume.

6.2
L'exposition uniforme aux intempéries se traduit, même de près, par une élégante patine gris argenté.

6.3
Qu'est-ce qui gêne ici le plus ? Les zones abritées qui n'ont pas grisaillé, ou le tuyau de descente placé dans l'angle ?

6.4
Grâce au soubassement en fibrociment qui protège le bardage du rejaillissement, les lames grisaillent de façon homogène.

- essence mise en œuvre
- type de débit des lames (position des cernes)
- sens de pose des lames (vertical ou horizontal)
- humidité d'équilibre du bois
- conditions climatiques et microclimat au niveau des façades
- humidité ambiante et végétation
- protection constructive du bois.

Durée de vie

La décomposition de la lignine entraîne une perte de substance atteignant, selon l'intensité de l'action des éléments naturels, entre 0,05 et 0,1 mm par an environ – ce qui reste minime en regard de la durée de vie du bois.

Sur les façades très exposées aux intempéries et au soleil, les lames se déforment. Pour celles d'une largeur de plus de 140 mm, il existe un risque accru de fissuration due au retrait. Cela ne compromet en général pas la fonction protectrice du bardage, mais les infiltrations d'eau engendrent inévitablement des défauts visuels et une réduction de la durabilité du bois.

Si les principes élémentaires de la construction sont respectés, la durée de vie d'un bardage est la plupart du temps supérieure à 30 ans.

Entretien

Une façade non traitée ne requiert en principe pas d'entretien, si ce n'est un nettoyage occasionnel (voir digression ci-dessous). Le concepteur peut influer, à travers le mode d'exécution choisi, sur l'ampleur et l'homogénéité des altérations superficielles du bois, ainsi que sur son exposition aux intempéries et aux salissures. Pour être maîtrisé, le grisaillement naturel d'un bardage requiert, lui aussi, du savoir-faire. Toute saillie, si minime soit-elle, modifie l'exposition du bois à la pluie chassée et, partant, son grisaillement. Même s'il ne dépasse que de 3 cm, un appui de baie laissera sa marque sur le bardage lui-même. Cela n'a, en soi, rien de grave, mais il faut le savoir.

Comment faire pour qu'un bardage vieillisse bien ?

Le meilleur moyen d'assurer le grisaillement uniforme d'un bardage non traité est d'opter pour des lames rabotées verticales, sans débord de toiture et sans saillies ni retraits en façade. Cette assertion ne correspond certes pas à ce qui s'enseigne dans les cours de construction, mais elle se vérifie dans la pratique.

Comme nous l'avons déjà mentionné à plusieurs reprises, les bardages verticaux présentent par rapport aux horizontaux – pour peu qu'on assure une protection efficace contre le rejaillissement – des avantages majeurs : ils permettent un écoulement plus rapide et régulier des eaux pluviales, donnent moins de prise à la saleté et facilitent l'exécution des angles et des encadrements de baies. On privilégiera ici les lames rabotées, qui retiennent moins l'eau et la poussière que celles brutes de sciage.

Quels que soient toutefois les efforts fournis pour assurer une usure homogène du bois, il est pratiquement impossible d'obtenir un grisaillement uniforme sur toutes les façades d'un bâtiment. Etant peu ensoleillées et séchant de ce fait moins bien, les façades nord et est grisaillent de façon beaucoup moins régulière que les façades sud et ouest.

Transition entre zones exposées et non exposées aux intempéries

Les différences d'aspect entre zones exposées et non exposées aux intempéries sont inévitables – que ce soit au niveau des débords de toiture ou du profilage des bardages à clins ou en bardeaux. Ces différences sont bien moins problématiques dans les bardages verticaux que dans les horizontaux, où l'eau de pluie imbibe en effet plus longtemps le bois et produit des traînées irrégulières peu esthétiques.

Dès que la façade présente des saillies, un bardage vertical ne peut plus prétendre à l'élégance d'un grisaillement homogène. La partie inférieure des lames noircit et les transitions entre zones exposées et abritées deviennent très nettes. Ici, deux facteurs se superposent : d'une part, la pluie qui tombe sur l'élément en saillie (corniche, caisson de stores, soubassement, etc.) rejaillit et imbibe la tranche inférieure des lames (d'où la règle selon laquelle le bardage ne devrait commencer qu'à 30 cm du sol) ; d'autre part, les différences d'exposition aux intempéries entraînent une modification différente de la couleur du bois.

Moisissure noire

Les concepteurs constatent parfois avec surprise que leurs bardages non traités ne deviennent pas, avec le temps, gris argenté, mais noirs. Les causes sont en général à chercher dans la conjonction de différents facteurs :

6.5
Bardage à lames verticales à rainure et languette : transition propre et sans bavures entre parties abritées et exposées à la pluie.

6.6
Le même bâtiment possède aussi un bardage horizontal. Les traînées dues aux eaux météoriques s'avancent loin sous la zone abritée. Il en résulte un aspect insatisfaisant, surtout par rapport à la sous-face parfaitement homogène du plancher.

6.7
De petites inconséquences suffisent déjà à produire des effets irritants : ici, le caisson de stores rapporté fait rejaillir la pluie – et la saleté – sur le bardage.

6.8
Les bardages à clins ne grisaillent pas de façon uniforme. L'eau dégoutte d'une lame sur la partie inférieure de celle de dessous et, comme l'orientation horizontale des fibres l'empêche de s'écouler de façon régulière, il en résulte, sur la durée, un aspect hétérogène insatisfaisant.

6.9
Grisaillement irrégulier d'un revêtement de bardeaux. On voit que, du fait du tuilage des bardeaux, la pluie ne s'écoule pas de façon régulière sur la rangée inférieure. Selon que les bardeaux se cintrent vers l'intérieur ou l'extérieur – ce qui dépend notamment du fait qu'ils soient débités sur moelle ou sur dosse –, les traces d'écoulement se trouvent tantôt au milieu, tantôt au bord des écailles.

6.10
Bâtiment d'habitation à Dornbirn, dans le Vorarlberg. La formation de moisissure noire est due à la présence de panneaux dérivés du bois et de fenêtres au-dessus de lames posées à l'horizontale. Ces deux types d'éléments n'absorbant aucune humidité, celle-ci se reporte entièrement sur le bardage. On remarque cependant qu'aucune moisissure ne se forme sur les zones abritées par le débord de toiture et les appuis de baies.

- On a mis en œuvre un bois tendre et très absorbant, par exemple du sapin, de l'épicéa ou du mélèze à croissance rapide (larges cernes). Rappelons que l'aubier du mélèze n'est pas durable !
- Le bois était très humide au moment de la mise en œuvre (de la forêt à la façade, sans étape intermédiaire !).
- Les lames sont posées à l'horizontale et très exposées à la pluie chassée, et leur séchage est entravé (p. ex. au niveau des joints).
- Le bardage est faiblement ensoleillé et à l'abri du vent, et ne peut donc sécher régulièrement. Les façades nord et est sont particulièrement vulnérables.
- L'humidité ambiante est élevée, par exemple du fait de la présence de nombreux arbres ou arbustes qui empêchent la convection au niveau de la façade.
- Le bardage est particulièrement exposé aux écoulements d'eau, par exemple du fait de la présence de vitrages, plaques ou panneaux lisses au-dessus des lames (voir ill. 6.10).

Digression : nettoyage des bardages non traités au jet à haute pression

Tout bardage non traité ne prend pas une superbe patine grise. Beaucoup ne font que se salir ou se couvrir d'algues. Dans ce registre, la moisissure noire est particulièrement déplaisante (voir p. 72).

Pour y remédier, un moyen simple et efficace consiste à nettoyer le bois au jet à haute pression. Selon la puissance et la durée du giclage, on enlèvera la saleté de la couche de cellulose superficielle, mais aussi une partie de la substance ligneuse, ce qui fera apparaître la couche suivante, jusque-là protégée. Cette méthode radicale entraîne certes une perte de matière bien plus importante qu'une dégradation naturelle, mais les lames supportent sans autres dommages un tel traitement à des intervalles de trois à cinq ans. La surface des lames rabotées peluche très légèrement, ce qui favorise la fixation de nouvelles impuretés et ralentit le séchage.

Le nettoyage à haute pression permet d'éliminer à merveille algues et moisissures. L'effet est saisissant, car le bardage retrouve en quelques instants l'aspect qu'il avait à l'état neuf. De fait, si votre maison est revêtue d'un bardage en mélèze non traité et que vous souhaitez la vendre, passez-la au jet !

L'opération demande, d'expérience, entre cinq et huit minutes par mètre carré. Moyennant les précautions nécessaires, on peut l'exécuter depuis une simple échelle. Pour une maison individuelle, c'est l'affaire d'une journée. Il est recommandé de mettre des habits imperméables et des bottes en caoutchouc, ainsi que de respecter les consignes de sécurité du fabricant de l'appareil.

Du fait de la pression, il se peut que la construction protégée par le bardage soit davantage exposée à l'eau que ce n'est d'ordinaire le cas. Il convient donc de vérifier avec soin que l'isolant thermique le supporte. Une isolation en cellulose risque par exemple de s'imbiber d'eau et de se grumeler.

Dans le cas d'un bardage à claire-voie, de grandes quantités d'eau sont projetées sous pression contre le film pare-pluie, ce qui pourrait l'endommager. Si un tel risque existe, cette méthode de nettoyage est inappropriée. Il se révèle ici judicieux de faire un essai sur une partie de façade peu visible, mais facile d'accès.

Il convient en outre de protéger les surfaces traitées ou sensibles – par exemple les fenêtres –, car aucune peinture ne résiste à un jet à haute pression.

6.11
Nettoyage au jet à haute pression d'un bardage en mélèze brut de sciage. Il est recommandé de faire des essais (réglage de la pression, distance entre jet et bardage) sur des parties peu visibles. On sent vite quelle est la manière de procéder la plus efficace.

6.12
Bardage à lamelles rabotées ayant subi plusieurs passages au jet à haute pression. Les fibres peluchent, ce qui produit l'impression d'une surface brute de sciage.

6.2 Bardages colorés

Si l'on ne veut pas que le bois grisaille, se pose alors la question de la couleur adéquate. A cet égard, il vaut la peine de réfléchir, au-delà des préférences personnelles spontanées, à la latitude dont on dispose et aux conséquences des différentes options envisageables.

Pour s'épargner des déceptions, on tiendra compte des observations suivantes :

6.13
Bardage à lames verticales à recouvrement dont la laque s'est écaillée. Les revêtements filmogènes, comme les laques ou les lasures à couche épaisse, ne se prêtent pas au traitement des surfaces non abritées.

6.14
Bardage à clins blanc après dix ans, sur la rive nord du lac de Constance. Le bâtiment étant dépourvu d'avant-toits, les façades sont très exposées aux intempéries. L'humidité élevée de l'air dans la région accroît le risque que des algues se développent.

6.15
Bâtiment d'habitation à Lindau, au bord du lac de Constance. Bardage d'une élégance discrète, composé de lames blanc cassé et de couvre-joints jaunes. Souvent employée dans les années 1920 et 1930, cette combinaison de couleurs continue de produire un bel effet après une longue exposition aux intempéries, mais la réfection d'un tel bardage est assez lourde. Les couvre-joints sont démontés et rénovés séparément, ce qui permet de repeindre les lames en pleine surface.

- Les bardages très foncés s'échauffent fortement en été, ce qui provoque une dessiccation temporaire du bois et, partant, d'importantes fissures, tant dans le bois que dans le revêtement superficiel.
- Les bardages très clairs sont plus exposés aux salissures et à la formation d'algues.
- C'est avec les bardages peints dans des tons gris que les risques sont les moindres : ceux-ci supportent sans problème les traces d'usure et de saleté même aux endroits où le revêtement superficiel se délave ou s'écaille, car celui-ci y est remplacé par le grisaillement naturel du bois.

Un autre critère à prendre en compte lors d'un premier choix de couleur réside dans les possibilités qu'il laisse pour la suite. Si l'on opte par exemple pour une lasure à couche mince, qui pénètre dans le bois tout en en laissant apparaître les veinures, il ne sera plus guère possible de la recouvrir d'une autre couleur ultérieurement, la seule possibilité étant alors d'enlever complètement l'ancien revêtement (voir sect. 8.4).

Si l'on opte pour une peinture couvrante, par exemple à base d'huile de lin, on pourra plus tard changer de couleur, en tenant toutefois compte du fait qu'il est plus simple de passer d'un ton clair à un ton foncé qu'inversement.

A la différence de ce qui prévaut pour les bardages destinés à grisailler de façon naturelle, il est vivement conseillé de protéger les bardages traités par des avant-toits. Sinon, une constante exposition à l'humidité et un écoulement irrégulier des eaux météoriques (p. ex. dans le cas d'un bardage à clins) produiront, après quelques années, un aspect très insatisfaisant.

Affadissement des couleurs

La plupart des revêtements de couleur tendent à passer sous l'action de la pluie et du rayonnement UV. Un rouge se muera ainsi en un rose bonbon, un bleu moyen en un bleu ciel.

Dans le cas des tons neutres (gris, gris bleu, gris vert, etc.), de telles altérations ne posent pas grand problème. Même après des années, les bardages peints en gris restent du meilleur effet: ils sont peu salissants et, aux endroits où la peinture est partie, le grisaillement naturel du bois prend discrètement le relais.

Conseil pratique

Avant d'arrêter la couleur d'un bardage, on devrait en simuler l'altération au fil du temps. Pour avoir une idée approximative de l'aspect que présentera le revêtement quelques années plus tard, il suffit de peindre la moitié d'une lame dans la couleur voulue et l'autre, dans cette même couleur diluée à 70%.

6.16
Revêtement en panneaux dérivés du bois d'un immeuble d'habitation sans avant-toit à Bregenz. Du fait des grandes quantités d'eau qui coulent le long de la façade et de la pollution qui émane de la route de transit voisine, le bardage présente un aspect sale.

6.17
Bardage en panneaux dérivés du bois d'un pavillon de bureaux à Berne. Après cinq ans d'exposition aux intempéries, le bleu foncé d'origine est devenu bleu ciel, et la façade a quelque peu perdu de son sérieux.

6.18
Bardage du club de voile de Bregenz, lasuré dans un ton gris chaud. La structure claire de la façade et la pose verticale des lames garantissent un écoulement régulier des eaux météoriques. Ici, le bardage vieillira sans rien perdre de son charme.

6.19
Orange vif à l'origine, le bardage de la salle communale de Mäder, dans le Vorarlberg, a toujours aussi belle allure après douze ans. Il a certes un peu pâli, mais ne paraît pas blafard.

6.20
Le recouvrement des éléments de bardage épouse l'inclinaison de la façade. Chaque lame protège celle de dessous, de sorte que le bon écoulement de l'eau et l'étanchéité de la façade à la pluie chassée sont garantis.

6.21
Lotissement en bois à Porvoo, en Finlande. Les couleurs chaudes des badigeons et la bonne protection assurée par les avant-toits sont garantes d'un aspect plaisant sur la durée.

Conseils pour la conception

Il convient de penser, dès le choix du premier revêtement, à celui qu'on utilisera en cas de réfection. Sur la durée de vie d'un bardage, le revêtement superficiel doit être renouvelé entre cinq et dix fois, soit tous les trois à cinq ans.

- Choisissez un revêtement qui puisse vieillir sans que le bardage paraisse délabré.
- Gardez à l'esprit que des échafaudages sont en principe nécessaires – à moins que l'on puisse repeindre le bardage depuis une échelle ou la nacelle d'un camion-élévateur (en respectant les consignes de sécurité correspondantes).
- Renoncez aux raccords compliqués, qui ne pourraient pas être repeints sans problème.
- Fixez avec des vis tous les éléments de bardage qu'il faudra démonter en cas de réfection (p. ex. profilés d'angle et lames d'encadrements de baies), de sorte qu'ils puissent être repeints séparément.
- Ne choisissez si possible qu'une seule couleur pour toute la façade. Jouer sur la couleur des éléments peut tout au plus se révéler opportun pour les profilés d'angle et les encadrements de baies.

6.3 Revêtements superficiels

Les revêtements tels que produits d'imprégnation, lasures et laques servent à la fois à protéger le bois et à le colorer. Le choix d'un revêtement superficiel se fera à l'aune des critères suivants:

- Essence choisie: le bois peut-il rester sans traitement, ou l'application d'un revêtement superficiel est-elle indispensable?
- Surface: quelles exigences a-t-on en ce qui concerne la couleur, la texture et la qualité de la surface du bois?
- Exposition: à quelles influences extérieures le bardage est-il soumis (pluie, rayonnement UV, pollution atmosphérique)?
- Entretien: à quels intervalles et de quelle manière le bardage doit-il être entretenu?

Les bardages en bois devant présenter une stabilité dimensionnelle limitée, leurs revêtements superficiels sont soumis à des exigences moins élevées que ceux d'éléments plus stables comme, par exemple, les fenêtres.

Du reste, les essences riches en résine (mélèze, douglas, etc.) et celles dont la croissance est lente (bois durs tels que chêne, cèdre, etc.) ne requièrent aucun traitement superficiel, pour autant que l'on s'accommode du grisaillement du bardage (voir sect. 6.1).

La nécessité d'une imprégnation dépend, quant à elle, de l'exposition du bois à l'humidité, telle que la caractérisent les classes d'emploi définies dans la norme EN 335-1 – classes qui correspondent aux classes de durabilité définies

Type de revêtement	Fonctions
Coloration et conservation de la couleur (laques pigmentées ou lasures avec absorbeur d'UV)	• Coloration • Prévention des changements de couleur • Protection contre les UV • Prévention de la dégradation des composants du bois
Préservation chimique du bois	• Protection contre les micro-organismes • Prévention de la dégradation des composants du bois
Films hydrofuges	• Réduction de l'absorption d'eau de pluie et d'humidité • Réduction de la fissuration et des changements de dimensions
Films de protection physique	• Protection contre les salissures • Protection (limitée) contre les actions mécaniques • Prévention de l'érosion du bois

Tableau 6.1
Fonctions des revêtements superficiels pour bardages en bois et en panneaux dérivés du bois.

Tableau 6.2
Classes d'emploi et classes de durabilité requises selon les conditions de mise en œuvre du bois.

Classe d'emploi	Exemples de mise en œuvre	Classe de durabilité requise
1	Sans contact avec le terrain, à couvert, toujours au sec (éléments intérieurs, p. ex. planchers, meubles)	5 ou meilleure
2	Sans contact avec le terrain, à couvert, humidification occasionnelle possible (éléments intérieurs avec humidité ambiante élevée ou dans pièces d'eau avec revêtement hydrofuge, éléments extérieurs non directement exposés aux intempéries)	3 ou meilleure 4 et 5: à traiter le cas échéant
3	Sans contact avec le terrain, à ciel ouvert (éléments extérieurs exposés aux intempéries sans contact avec le terrain et l'eau, éléments intérieurs dans pièces d'eau)	2 ou meilleure 3: à traiter le cas échéant 4 et 5: à traiter
4	Contact avec le terrain ou l'eau douce (éléments extérieurs en partie ou complètement enterrés ou noyés dans le béton, éléments immergés)	1 2: à traiter le cas échéant 3 à 5: à traiter
5	Contact avec l'eau de mer (constructions portuaires, génie littoral, tours de refroidissement)	1 2 à 5: à traiter

6.22
Il convient de protéger l'extrêmité des lames avec un soin particulier, car le bois de bout absorbe beaucoup d'humidité par capillarité, avec les dommages que cela peut entraîner. C'est en particulier le cas lorsque le bois de bout est directement exposé aux intempéries.

6.23
Les bardages foncés se réchauffent davantage que les clairs, ce qui accroît les phénomènes de lessivage et de fissuration du bois.

dans la norme EN 350-2. La classe d'emploi 3 s'applique aux bardages (voir aussi chap. 3).

Outre leur effet décoratif, les revêtements superficiels visent à réduire de façon sensible les influences climatiques telles qu'infiltrations d'eau ou décomposition de la lignine par le rayonnement UV. Aucun produit n'agit toutefois indéfiniment, et un endommagement partiel – p. ex. du fait d'un écaillement et d'une infiltration d'humidité sous le revêtement – peut entraîner une dégradation localement accélérée du bois.

Dès lors que l'on opte pour un bardage en bois, la question se pose de savoir s'il faut ou non le doter d'un revêtement superficiel. Sur le principe, les deux sont possibles, mais il est crucial de se faire renseigner par un spécialiste sur les conséquences de chaque option.

Un bardage non traité grisaille dans un délai de trois à cinq ans maximum ; un bardage traité devrait être rafraîchi après le même laps de temps.

Les essences à forte teneur en résine sont bien adaptées aux bardages non traités, mais assez problématiques si on les enduit. En effet, les poches de résine ressortent sous l'effet du réchauffement, et les écoulements endommagent le revêtement superficiel.

Les produits de protection contre le bleuissement, les moisissures et les algues ne font pas partie du traitement superficiel standard et la décision d'y recourir doit être prise en accord avec le maître d'ouvrage.

Tout système de revêtement n'est efficace que pendant un certain temps. Sous certaines conditions les surfaces brutes de sciage étant plus absorbantes que les rabotées, le produit pénètre plus profondément et en plus grande quantité dans le bois, ce qui rallonge les intervalles d'entretien.

Un revêtement superficiel se compose en général d'une couche de fond, d'une couche intermédiaire et d'une couche de finition. Il convient en principe de respecter les indications du fabricant. Il faut que le produit choisi convienne à l'application envisagée, en particulier au subjectile et aux conditions climatiques spécifiques.

Si le bardage est doté d'un revêtement superficiel, les couches de fond et intermédiaire doivent être appliquées, avant la pose, sur toutes les faces des lames.

On notera que, si l'on applique le revêtement à la main (au pinceau ou au rouleau), il est pratiquement impossible de respecter les épaisseurs régulières prescrites par les fabricants – ce qui libère pratiquement ceux-ci de toute responsabilité !

Les notions de lasure à couche mince ou épaisse ne préjugent pas de leur effet. L'efficacité d'un revêtement dépend à la fois de sa composition et de l'épaisseur de la couche appliquée.

Si la couche de fond n'est posée que sur la face avant des lames, il se peut que cela en renforce le tuilage en cas d'absorption d'humidité sur la face arrière (surtout dans le cas des lames débitées sur dosse ou sur faux quartier). Il en résulte un risque accru de fissuration du bois et, partant, d'endommagement du revêtement superficiel.

Lors de la conception et de la pose d'un bardage, on veillera à ce que toutes les surfaces appelées à faire l'objet de réfections ultérieures restent accessibles au niveau des joints et des raccords.

Au moment de l'application du revêtement superficiel, l'humidité du bois devrait se monter à environ 15 ± 3 %. Comme un tel revêtement réduit les mouvements naturels de retrait et de gonflement, le bois tend à moins se fissurer – même si la formation de fissures ne peut jamais être tout à fait évitée.

De manière générale, les surfaces foncées se réchauffent beaucoup plus que les claires sous l'effet du soleil. Comme la surface du bois chauffe plus vite que l'intérieur du matériau, des fissures peuvent se produire et accélérer les flux de résine. Plus la couleur du bardage sera foncée, plus sa température superficielle sera élevée en été, et plus le risque de fissuration sera important.

Assurance de qualité

La mise en œuvre des bardages est régie, dans chaque pays, par différents documents fixant les règles de l'art. Il s'agit en particulier pour la France du DTU 41.2 Revêtements extérieurs en bois, ou pour la Suisse de la norme SIA 233 Revêtement de façades – Bardages. Cependant, une exécution dans les règles de l'art ne permet pas forcément d'anticiper le type de vieillissement des façades, l'intervalle des opérations de maintenance, ni la durée d'utilisation effective à attendre. En Suisse, Lignum propose un Label pour les bardages avec revêtement superficiel. Cet outil offre un choix de solutions appropriées à chaque situation. La notion « système de façade » désigne un produit industriel raboté associé à un revêtement superficiel. Le label façade garantit que le matériau bois, le produit de finition et son application respectent les exigences de qualité définies dans son règlement.

Différent label de qualité portant tant sur les produits que sur les entreprises de mise en œuvre existent également pour la France, voir section 9.1.

Exécution des arêtes

Si les lames présentent des arêtes vives, il n'est pas possible d'y appliquer assez de produit. Aussi convient-il d'arrondir les arêtes des chants avec un rayon d'au moins 2,5 mm, et d'adoucir celles des extrémités avec du papier de verre.

Dans le cas des bardages où le retrait du bois est susceptible de réduire le recouvrement des lames et de faire apparaître des différences de couleur (bardages à rainure et languette, à clins, etc.), on devra, avant la pose, enduire les lames d'au moins une couche intermédiaire dans la couleur définitive.

De nombreux fabricants précisent, à titre indicatif, à quels intervalles leurs revêtements devraient en principe faire l'objet d'une réfection. Dans les faits, cependant, cela dépendra beaucoup de l'exposition du bardage aux UV et à la pluie chassée. Ainsi une façade nord à l'abri des intempéries est-elle susceptible de tenir au moins cinq fois plus longtemps qu'une façade ouest exposée à la pluie.

Il convient en revanche de suivre scrupuleusement les consignes et recommandations que donnent les fabricants pour le revêtement des panneaux dérivés du bois. Cela s'applique aussi aux panneaux de particules liées au ciment, qu'on ne devra enduire qu'à l'état sec, sous peine de voir apparaître à la surface des traînées de ciment.

Les bois panneautés et les panneaux de particules liées au ciment ne devraient être mis en œuvre sans revêtement superficiel que si le fabricant indique les mesures à prendre.

Composition des revêtements superficiels

Les revêtements superficiels se composent :

- de liants ;
- de solvants ;
- de pigments ;
- de charges ;
- d'additifs.

6.24
Ce bardage a été peint après avoir été posé. Suite au séchage et au retrait du bois, les parties non traitées deviennent visibles. Et comme c'est au niveau des recouvrements que l'humidité sèche le moins bien, ce sont les endroits non protégés qui sont les plus exposés.

Liants
Les principales propriétés d'un revêtement superficiel dépendent du liant utilisé. Celui-ci forme en général un film et détermine la résistance, la cohésion et l'adhérence du revêtement au subjectile. De nombreuses lasures sont à base d'un liant hydrodiluable.

Solvants
Présents dans les revêtements à l'état liquide, les solvants dissolvent et répartissent les différents composants du produit, en déterminent la viscosité et permettent de l'appliquer au pinceau ou au rouleau, ou de le projeter. Une fois sec, le revêtement ne contient plus de solvants. Dans de nombreux produits, c'est de l'eau qui sert de solvant, ce qui ne pollue pas l'environnement.

Pigments
Les lasures doivent leur couleur à des micropigments transparents spéciaux, qui absorbent le rayonnement UV. Les peintures couvrantes contiennent des pigments inorganiques ou organiques, qui améliorent la protection contre les UV et permettent d'obtenir pratiquement n'importe quelle couleur.

Charges
Les charges améliorent l'adhérence et le corps du revêtement, en déterminent la perméabilité à la vapeur d'eau et la brillance, et renforcent le film produit. La brillance est définie par une valeur comprise entre 0 et 100, une valeur inférieure à 10 correspondant à une faible brillance, une valeur comprise entre 10 et 70, à une brillance moyenne, et une valeur supérieure à 70, à une forte brillance (selon les normes les plus courantes, p. ex. DIN 67530 ou ISO 2813).

Additifs
Les additifs sont des substances auxiliaires que l'on ajoute en petites quantités pour conférer au revêtement des propriétés spécifiques. Ils permettent par exemple de lasurer des lames sur une machine à laquer sans que cela ne produise de mousse, ou d'assurer la bonne adhérence des peintures à d'anciens revêtements.

Produits d'imprégnation
En général, les produits d'imprégnation sont incolores, contiennent des solvants ou sont hydrodiluables, présentent une très faible teneur en corps solides et peuvent contenir ou non des additifs. Selon l'essence, ils pénètrent bien – voire très bien – dans le bois et transportent donc les substances actives dans la profondeur du matériau.

Ces produits jouent un rôle important dans la construction de fenêtres, où ils rendent le bois de bout moins sensible à l'eau. En façade, ils améliorent la protection contre l'humidité au sein des couches de revêtement.

Possibilités d'utilisation des revêtements superficiels sur les bardages en bois

Revêtement	Epaisseur	Subjectile		Remarques
		Lames	Panneaux dérivés du bois	
Aucun revêtement		oui	non	Le bardage grisaille, voire noircit par endroits.
Imprégnation/ couche de fond		oui	à certaines conditions	Le bardage vieillit de façon plus homogène, mais grisaille aussi.
Lasures et laques incolores	30 – 60 µm	non	non	Non appropriées en extérieur.
Lasures à couche mince	≤ 30 µm	oui	à certaines conditions	Fissuration possible du bois, usure homogène.
Lasures à couche épaisse	60 – 80 µm	à certaines conditions	à certaines conditions	Peu appropriées pour les bardages à faible stabilité dimensionnelle, risque de pourrissement.
Peintures couvrantes	80 – 120 µm	oui	oui	Fissuration possible du bois, respecter les épaisseurs maximales.

Tableau 6.3
Possibilités d'utilisation des revêtements superficiels sur les bardages en bois.
Source [3]

Couche de fond

L'application d'une couche de fond assure une bonne adhérence des lasures ou des peintures couvrantes au subjectile. Une telle couche peut être incolore ou pigmentée, contenir des solvants ou être hydrodiluable, et contenir ou non des biocides. Certains produits spéciaux empêchent les composants du bois solubles à l'eau de traverser le revêtement superficiel.

Lasures

Les lasures pour bois actuelles de qualité supérieure contiennent des pigments transparents qui font que seule une partie de la lumière est réfléchie ou absorbée. La fraction de lumière qui atteint le subjectile le fait paraître coloré. Les particules des pigments d'oxyde de fer transparents ont une taille d'environ 0,4 μm. Elles absorbent le rayonnement UV et le transforment en chaleur. Ces pigments sont très stables et ne « s'usent » pas, comme ce peut être le cas de certains absorbeurs d'UV organiques. On peut obtenir un effet similaire à celui d'une lasure en utilisant, dans de faibles quantités, des pigments non transparents bon marché et une pâte colorante universelle. Le bois traité avec de tels produits manque toutefois de brillance et ses veinures ne sont pas bien mises en valeur. En outre, ces revêtements sont beaucoup plus perméables aux UV. Les lasures pour bois authentiques sont toujours à base de pigments d'oxyde de fer transparents de grande qualité et de pigments colorés inorganiques.

Performances requises des lasures pour bois modernes
• Pas de composés organiques volatils (COV)
• Pas de biocides
• Bonne capacité d'imprégnation et d'adhérence
• Imperméabilité aux UV
• Bonne perméabilité à la vapeur d'eau
• Bonne protection contre la pluie chassée et l'humidification
• Grande stabilité dimensionnelle (pour les portes et fenêtres)
• Pas d'écaillement ni de fissuration
• Bonnes propriétés de mise en œuvre
• Pas de traînées ni de dépôts
• Coloration homogène
• Protection contre le bleuissement au sein du revêtement
• Entretien aisé et possibilité de réfection

Tableau 6.4
Performances requises des lasures pour bois modernes.
Source : www.arbezol.ch

Lasures à couche mince

La plupart des bardages et des sous-faces de toiture en bois sont revêtus de lasures à couche mince. En général, celles-ci pénètrent bien dans le bois, dont elles assurent une bonne protection physique. Elles présentent une teneur en corps solides d'environ 30 %. Les lasures qui contiennent, comme liant, des résines alkydes dissoutes dans des solvants organiques ou sous forme aqueuse, s'usent de façon homogène sous l'effet des intempéries. Elles s'érodent peu à peu, mais sans s'écailler. Les lasures à base de résine alkyde et de solvants se ternissent plus vite que les lasures acryliques. Ces dernières tendent toutefois à se fissurer et à s'écailler lorsqu'elles sont longtemps exposées aux intempéries, de sorte que leur réfection se révèle beaucoup plus lourde.

Lasures à couche épaisse

Les lasures à couche épaisse présentent une teneur en corps solides de 30 à 60 % et sont utilisées pour les éléments à haute stabilité dimensionnelle comme les fenêtres et les portes. Elles maintiennent sec le bois exposé aux intempéries. Outre celles, classiques, à base de solvants, il existe des lasures à couche épaisse hydrodiluables de qualité supérieure, à base de résine acrylique ou alkyde. Pour les fenêtres, il est important que les lasures présentent une bonne

Conseils pour l'application au pinceau des lasures à couche mince

Pour appliquer une lasure au pinceau sur un bardage en bois, on utilisera un pinceau doté d'une brosse d'au moins 3 cm de diamètre. Il est recommandé de ne pas plonger les poils du pinceau de plus de la moitié dans la lasure et d'en bien enlever l'excédent de produit. Pour obtenir une surface homogène et sans dépôts, il convient d'étaler tranquillement et régulièrement la lasure en humide sur humide, dans le fil du bois. Pendant les pauses, on emballera le pinceau dans du papier d'alu ou de la cellophane, afin qu'il reste humide et prêt à l'emploi.

Après les travaux, on refermera bien le bidon de lasure et on le retournera, ce qui permettra une meilleure conservation du produit.

6.25 *ci-dessus*
Dommages subis par un panneau de façade en contreplaqué revêtu d'une lasure à couche épaisse. Celle-ci s'est écaillée au niveau des bords et de l'humidité s'y est infiltrée. Le fait que le bois ait grisaillé indique que le phénomène remonte déjà à un certain temps. Les chants où le bois de bout est exposé représentent d'autres points faibles, retrait et gonflement y étant beaucoup plus prononcés que perpendiculairement au fil du bois.

résistance à l'adhérence de contact. Du fait de leur grande stabilité et de la facilité avec laquelle elles se rénovent, les lasures à base de résine alkyde sont de plus en plus utilisées.

L'épaisseur d'une couche de peinture couvrante varie entre 80 et 120 µm, celle d'une lasure entre 60 et 80 µm. Seule une application au pistolet permet d'obtenir une épaisseur tout à fait constante.

6.26 *en bas à gauche*
L'écaillement du revêtement superficiel s'explique ici par deux facteurs. D'une part, la couleur foncée du bardage provoque un échauffement accru (jusqu'à ≥ 60°C sur les façades orientées au sud-ouest) et, partant, un retrait plus prononcé du bois. D'autre part, lorsque les lames présentent une certaine largeur, les mouvements de retrait et de gonflement sont plus marqués dans leur zone médiane, qui a par conséquent tendance à se détériorer plus rapidement.

Badigeons

Dans les pays nordiques, cela fait des siècles que l'on protège le bois au moyen de badigeons – une méthode à la fois naturelle, durable et économique.

Le badigeon le plus connu est le rouge suédois. Son histoire remonte au XVIe siècle, où fut industrialisée l'extraction du cuivre à Falun. On s'aperçut que les maisons en bois légèrement teintées de rouge qui se trouvaient à proximité de la mine ne se dégradaient pas aussi vite que les autres bâtiments en bois de la région. Au fil des ans, on ne cessa d'expérimenter et d'affiner les résultats. Dans les villes, le rouge de Falun devint un symbole de prospérité et, au XIXe siècle, il se répandit aussi dans les campagnes, où il est, aujourd'hui, plus utilisé que jamais.

Composition du Falu Rödfärg®

- Au moins 18% de pigments, issus du mulm calciné de la mine de cuivre de Falun ;

Tableau 6.5 : Propriétés des lasures à couche mince et épaisse.

Propriétés	Lasures à couche mince	Lasures à couche épaisse
Teneur en corps solides	≤ 30%	30 – 60%
Film	non fermé	fermé
Profondeur de pénétration	moyenne	faible
Protection contre l'humidité	faible	élevée (film)
Usure due aux intempéries	rapide mais régulière	infiltration d'humidité possible ; conséquences : pourrissement et écaillement
Entretien/réfection	aisés, dommages réguliers (abrasion, lessivage)	lourds, dommages irréguliers (éclatements, infiltration d'humidité)
Domaine d'application	éléments à faible stabilité dimensionnelle (bardages)	éléments à haute stabilité dimensionnelle (portes et fenêtres)

- De l'eau comme solvant;
- De la farine de blé et/ou de seigle (cuite avec de l'eau pour former une colle d'amidon qui lie les pigments et adhère au bardage);
- Environ 8% d'huile de lin;
- Du sulfate de fer comme agent conservateur. Bien que les pigments en contiennent déjà, on en ajoute encore pour que la peinture tienne plus longtemps.

A la différence d'autres badigeons, le rouge de Falun contient d'infimes concentrations de plomb, de cuivre et de zinc, ce qui – du fait de sa résistance limitée à l'abrasion – le rend inadapté pour les meubles et les jouets.

On peut aussi fabriquer cette peinture soi-même (voir la recette donnée en encadré). La variante qui se conserve le mieux, celle à l'huile de lin, n'est pas toute simple à produire, l'huile devant être versée à environ 90 °C. Sans huile de lin, la peinture tiendra au maximum cinq à sept ans sur le bardage. Le Falu Rödfärg® à base d'eau s'applique à même le bois, qui devrait être brut de sciage et non traité. On renoncera à toute couche de fond ou traitement anti-bleuissement préalable. La peinture est ouverte à la diffusion de vapeur.

- Durée de vie: 10 à 15 ans ou plus, 5 à 8 ans si la peinture est projetée. Durée de vie sensiblement réduite si le bois est lisse!
- Rendement: 3 à 4 m^2/litre.
- Brillance: 0 (mat).
- La couleur varie selon l'incidence de la lumière; les minéraux contenus dans la peinture provoquent une légère réflexion.
- Séchage: peinture sèche au toucher après environ deux heures à 20 °C, application d'une nouvelle couche possible après 24 à 48 heures.

Recette de fabrication du rouge de Falun

Ingrédients: 50 litres d'eau, 2 à 2,5 kg de farine de seigle ou de blé, 2 kg de sulfate de fer, 8 kg de pigments

Faire bouillir environ 45 litres d'eau dans un bac en métal. Verser le sulfate de fer et le laisser se dissoudre.
Pour éviter les grumeaux, verser la farine dans les cinq litres d'eau froide restants, puis délayer la solution dans l'eau bouillante. Laisser bouillir environ une demi-heure en remuant bien, puis délayer les pigments. Couvrir le bac et laisser bouillir la peinture à petit feu pendant trois heures en remuant de temps en temps.
Une fois qu'elle a refroidi en dessous de 40 °C, la peinture est prête à l'emploi.

Variante: peinture renforcée à l'huile de lin
Ingrédients supplémentaires: jusqu'à 4 litres de vernis d'huile de lin, 2 kg de pigments, un peu de produit à vaisselle
L'huile de lin rend la peinture plus foncée. A trop haute dose, elle entraîne la formation indésirable d'un film. La proportion de vernis d'huile de lin ne devrait en aucun cas dépasser 10%. (Pour produire du rouge clair, en utiliser un bon tiers de moins.) Le vernis est à délayer juste avant que la peinture ne commence à refroidir. Par petites doses, ajouter du produit à vaisselle comme émulsifiant (environ 50 ml selon la qualité du produit), jusqu'à ce que le vernis se soit complètement dissous dans la peinture.

Remarques
Le sulfate de fer sert d'agent conservateur. Plus on en ajoute, plus la peinture sera foncée. Si l'on remplace le sulfate de fer par du sulfate de zinc, le résultat sera un peu plus clair.
La farine moulue de façon artisanale produit une meilleure colle d'amidon que la farine industrielle.
Si la peinture est de bonne qualité, elle se couvre d'une pellicule. La durée de cuisson revêt ici une importance déterminante. Il faut environ quatre heures pour obtenir une bonne colle d'amidon.
Il se peut que la peinture fraîchement appliquée libère des sulfates hydratés, qui partent cependant à la première averse.
On pourra laver les parties de façade abritées au jet de jardin après quelques jours.
Source: www.farbmanufaktur.at

Peintures à l'huile de lin

L'huile de lin, issue de l'une des plantes que l'homme cultive probablement depuis le plus longtemps, est utilisée depuis des siècles pour protéger le bois. En Scandinavie, on continue de préférer les peintures à l'huile de lin à la plupart des autres revêtements superficiels. De telles peintures sont notamment produites par la société allemande Auro. L'huile de lin pénètre profondément dans les pores du bois et les remplit, ce dont les huiles naturelles sont mieux capables que les huiles minérales ou synthétiques. Cela réduit par exemple les écoulements de résine chez les résineux. Le fait que l'huile sature la surface du bois a pour effet que le matériau travaille moins, et permet à la peinture de recouvrir les fissures existantes. Les peintures à l'huile de lin sont ouvertes à la diffusion de vapeur et hydrofuges. Pour autant qu'on les applique sur une couche de fond adéquate, elles peuvent durer une bonne dizaine d'années. Elles ne se fendent pas, mais tendent plutôt à s'effriter.

6.27
Les badigeons tiennent plus longtemps sur les lames brutes de sciage que sur les bardages rabotés ou poncés.

Comme pour pratiquement toutes les autres peintures (à l'exception des badigeons et de la plupart des lasures à couche mince), il est nécessaire de doter le bois non traité d'une couche de fond. La préparation se fait à l'huile de fond. On applique ensuite un fond d'accrochage, pouvant par exemple consister en un mélange moitié-moitié de peinture à l'huile de lin et de térébenthine de baume. Pour terminer, on devrait doter le bardage de deux couches de finition, afin de répartir la peinture de façon régulière et d'augmenter la durabilité du revêtement. Il est vrai toutefois que la deuxième couche ne laisse plus transparaître les veinures du bois. Une troisième couche accroît encore la perfection de la surface. De manière générale, plusieurs couches fines valent mieux qu'une seule épaisse ! Les peintures à l'huile de lin sèchent très lentement. Le séchage de la couche d'accrochage prend environ quatre à six heures, celui des couches de finition, entre 24 et 48 heures.

- Durée de vie : 10 ans ou plus.
- Rendement : 6 à 8 m²/litre.
- Brillance : 30 à 35 (faiblement brillant).

Peintures en émulsion

Les peintures en émulsions sont des peintures en phase aqueuse, où l'eau sert à faire pénétrer pigments, liants, agents de conservation et charges dans le bois. Elles adhèrent à de nombreux subjectiles, sont très ouvertes à la diffusion de vapeur, s'appliquent très facilement et sèchent assez vite. En outre, elles sont très résistantes aux intempéries et présentent un excellent rendement. Elles ne sont en revanche pas en mesure – à la différence des peintures à l'huile, par exemple – de remplir ou recouvrir les fissures.

Les peintures en émulsion peuvent être appliquées sur du bois neuf doté d'une couche de fond, sur du bois de recyclage lasuré ou huilé, ou encore sur des peintures acryliques, à base d'acrylate ou à l'huile. Le subjectile doit être préparé conformément aux consignes du fabricant.

- Rendement : environ 6 à 9 m²/litre sur du bois brut de sciage, environ 9 à 11 m²/litre sur du bois raboté.
- Brillance : environ 25 à 30 (semi-mat)
- Dilution/nettoyage à l'eau.
- Séchage : environ 2 à 4 heures, selon la température et l'humidité de l'air.
- A appliquer à une température comprise entre 8 et 24°C.

Entretien

Il est important d'entretenir régulièrement les bardages dotés d'un revêtement superficiel, car de tels revêtements n'assurent une protection efficace que pendant quelques années. L'exposition des bardages au rayonnement UV, aux précipitations et au vent variant considérablement d'une façade à l'autre, la fréquence à laquelle il convient de les entretenir ne peut être définie qu'au cas par cas.

Comme les indications des fabricants et des institutions varient aussi beaucoup, tout en restant assez générales (voir tableau 6.6), il est recommandé d'examiner chaque année si les bardages ont subi dommages, abrasion ou autres lessivages. Si on les détecte assez tôt, les dégâts peuvent encore être réparés ponctuellement. Ce n'est qu'à un stade avancé – p. ex. lorsque le bois n'est plus protégé des UV – que la lignine se dégrade et qu'une réfection complète du revêtement s'impose. Dans la pratique, cependant, on n'est souvent pas assez conscient de la nécessité d'un entretien régulier.

Adresses

www.auro.ch
www.arbezol.ch
www.osmo.com
www.remmers.fr
www.schwedischer-farbenhandel.de

Lames livrées à l'état fini

Aujourd'hui, divers fabricants proposent des profils dotés, en usine, d'un revêtement projeté, dont la qualité de surface ne peut être obtenue ni au pinceau, ni au rouleau. Des garanties à long terme sont parfois accordées, mais seulement si les consignes de mise en œuvre sont respectées – notamment celle voulant que le bois de bout soit doté d'un revêtement adéquat après découpe. Le label façade de Lignum répertorie de telles solutions (voir p. 79).

Adresses

www.lignum.ch
www.haeussermann.de
www.moco.de

Conseil pratique

Pour déterminer s'il est nécessaire de rénover un bardage revêtu d'une lasure à couche mince, un moyen simple consiste à passer un chiffon mouillé sur la surface à tester. Si l'humidité perle, la lasure est en bon état. Si le bois fonce après quelques minutes, c'est que le revêtement est lessivé et doit faire l'objet d'une réfection.

Tableau 6.6
Intervalles d'entretien selon les indications issues de différentes sources.

Recommandations relatives aux intervalles d'entretien (selon différentes sources)

Source	Formulation	Lasure à couche mince	Lasure à couche épaisse	Laque
Holzbau Schweiz, Dr Klaus Richter (EMPA)	Durée de vie en cas d'exposition directe aux intempéries (sud et ouest)	2 – 4 ans	3 – 6 ans	6 – 12 ans
Arbezol (fabricant)	Réfection recommandée pour les systèmes de revêtement Arbezol	lasures	systèmes couvrants	
	– Sollicitations climatiques faibles	3 – 4 ans	4 – 6 ans	
	– Sollicitations climatiques moyennes	2 – 3 ans	3 – 4 ans	
	– Sollicitations climatiques élevées	1,5 – 2 ans	2 – 3 ans	
Pentol (fabricant)	Intervalles de réfection		revêtement lasurant	revêtement couvrant
	– Nombre de couches		4	3
	– Situation non abritée		2 – 4 ans	6 – 8 ans
	– Situation abritée		4 – 6 ans	8 – 12 ans
Holzforschung Österreich	Entretien et réfection en fonction du traitement superficiel	lasure à couche mince	lasure à couche moyenne	laque couvrante
	– A l'abri	3 – 4 ans	5 – 7 ans	10 – 15 ans
	– Exposé	1 – 2 ans	2 – 3 ans	8 – 10 ans
Informationsdienst Holz Deutschland, 1999	Entretien et réfection	lasure à couche mince avec pigmentation suffisante	lasure à couche épaisse avec pigmentation suffisante	laque couvrante avec fongicide
	– Climat extérieur	8 – 10 ans	10 – 12 ans	12 – 15 ans
	– Climat air libre I	2 – 3 ans	4 – 5 ans	5 – 8 ans
	– Climat air libre II	1 – 2 ans	2 – 3 ans	4 – 5 ans

7 Bardages en panneaux dérivés du bois

7.1 Panneaux dérivés du bois

Les panneaux dérivés du bois ont été développés pour tirer profit des avantages du matériau naturel qu'est le bois tout en évitant ses inconvénients, notamment les phénomènes de retrait et de gonflement, ainsi que les fissures et les déformations qui en résultent. Pour ce faire, le bois est réduit en plis, copeaux ou fibres de différentes dimensions, que l'on colle ensuite sous pression au moyen d'un liant (ciment ou colle à base de phénol, de résorcinol ou de mélamine). Plus les composants des panneaux sont petits, plus la quantité de liant nécessaire est importante. Ainsi la proportion de colle d'un panneau trois plis ne se monte-t-elle qu'à environ 3%, tandis qu'elle atteint jusqu'à 15% dans le cas d'un panneau OSB. Avec les récents panneaux stratifiés haute pression (*High Pressure Laminate*, HPL), il n'existe plus de limite nette entre panneaux dérivés du bois et panneaux synthétiques enrichis de cellulose.

Les panneaux dérivés du bois peuvent être considérés comme une alternative «plane» aux bardages à lames «linéaires». Comme ils sont commercialisés depuis plus de trente ans, on connaît leur comportement à long terme. Eux aussi doivent, pour la plupart, être régulièrement entretenus; seuls les panneaux de particules liées au ciment sont résistants aux intempéries et ne nécessitent donc qu'un entretien moins fréquent.

La conception et l'exécution des bardages en panneaux dérivés du bois requièrent plus de soin que celles des bardages à lames: les premiers sont non seulement plus sensibles, mais aussi plus difficiles à mettre en œuvre que les seconds. Alors que les écarts dimensionnels se révèlent, dans le cas d'un bardage à lames, assez faciles à compenser, les panneaux nécessitent une grande précision lors de la découpe comme de la pose.

Le concepteur devra bien informer le maître d'ouvrage sur la durabilité du bardage, ainsi que sur les risques et les effets secondaires susceptibles de survenir. Les bardages en panneaux ne sont pas meilleur marché que ceux à lames. Même si leur pose demande moins de travail, matériau et traitement superficiel sont bien plus onéreux. En général, les panneaux sont découpés et traités en usine.

Les bardages en panneaux sont en principe soumis aux mêmes règles de mise en œuvre que ceux à lames.

S'appliquent en particulier les normes suivantes:

- Les panneaux dérivés du bois utilisés comme revêtement de façade doivent correspondre aux exigences de la classe de service 3 selon Eurocode 5.
- Les bois panneautés (*Solid Wood Panels*, SWP) sont décrits dans la norme EN 12775 et doivent corres-

Tableau 7.1 Comparaison entre bois et panneaux dérivés du bois dans la construction de façades.

Matériau	Diversité formelle	Exécution	Autoconstruction	Coût du matériau	Temps nécessaire
Bois	élevée (dimensions, modes de pose, textures)	nombreux modes de pose possibles	peu de connaissances requises en cas d'exécution simple; un équipement rudimentaire suffit	15 – 50 €/m²	0,6 – 1,2 h/m²
Panneaux dérivés du bois	limitée, en raison de la taille des panneaux; la conception requiert plus de discipline	un calepinage et des proportions soigneusement étudiés sont indispensables pour un aspect satisfaisant	au moins deux personnes sont nécessaires; les panneaux doivent être découpés avec précision	20 – 100 €/m²	0,3 – 0,6 h/m²

pondre, pour un emploi en milieu extérieur, au type SWP/3.
- Les panneaux de particules liées au ciment doivent correspondre aux dispositions de la norme EN 633.

A défaut, il s'agit de démontrer que les panneaux se prêtent, conformément aux indications du fabricant, à l'utilisation prévue. Leur épaisseur doit être d'au moins 12 mm (d'au moins 19 mm pour les panneaux trois plis). Dans le cas des bois panneautés, le fil du placage de finition doit être vertical.

Si les panneaux sont destinés à recevoir un revêtement superficiel, il convient (sauf pour les panneaux de particules liées au ciment) d'en imperméabiliser les tranches. Pour éviter que le revêtement ne s'écaille, leurs arêtes doivent être arrondies avec un rayon d'au moins 2 mm, des exceptions étant envisageables en cas d'application industrielle.

De manière générale, on devrait ménager derrière les panneaux une lame d'air d'au moins 20 mm, sauf dans le cas de petites surfaces telles que tableaux, allèges ou linteaux.

Les joints sont en principe garnis d'une bande d'étanchéité. Leur largeur ne devrait pas être inférieure à 8 ou 10 mm.

Tous les panneaux de bardage devraient posséder un agrément technique.

Les principaux types de panneaux se prêtant à la réalisation de bardages sont :
- les panneaux trois plis en bois de résineux ;
- les panneaux de façade en contreplaqué ;
- les panneaux en lamibois ;
- les panneaux de particules liées au ciment.

7.1
Immeuble de bureaux à Dornbirn, dans le Vorarlberg. Ce bardage en panneaux trois plis date de la fin des années 1990 et a été, dans l'intervalle, entièrement rénové.

Panneaux trois plis en bois de résineux

Cela fait environ deux décennies que les panneaux trois plis sont utilisés en façade, surtout en Suisse et en Autriche.

7.2
La peinture n'empêche pas les fissures dues aux contraintes en partie inférieure. Les joints verticaux en silicone gris ont aussi été refaits. Cette solution exige un entretien régulier ; avec des mouvements allant jusqu'à 4 mm, n'importe quel joint se détériore en quelques années.

7.3
Bardage en panneaux trois plis avec de grands éléments coulissants à Küsnacht, en Suisse. Les écaillements au niveau des lamelles révèlent les points faibles du matériau.

Comme leur nom l'indique, ils se composent de trois couches de bois de résineux collées à la résine de phénol ou de mélamine : une âme composée de planches et deux parements de plus de 6 mm d'épaisseur orientés à 90°.

Du fait de leur composition, les panneaux trois plis sont très résistants à la déformation et se prêtent donc bien à une mise en œuvre en façade. On les fabrique principalement en épicéa ou en sapin, mais il existe aussi des parements en mélèze ou en douglas. Les panneaux multiplis possèdent en général une surface poncée, la structure des fibres pouvant être soulignée au moyen de brosses adaptées. Les parements peuvent présenter fissures, nœuds ou nœuds tombés, et être dotés de rainures décoratives d'une profondeur de 4 mm au maximum, par exemple pour imiter des lames.

Afin d'éviter que les panneaux ne se cintrent en raison d'une répartition irrégulière de l'humidité, leur face arrière devra aussi être dotée, au minimum, d'une couche de fond ou d'un film de résine de mélamine.

Panneaux de façade en contreplaqué

Les panneaux de façade en contreplaqué se composent de plusieurs plis déroulés de 1,5 à 2,5 mm d'épaisseur, contrecollés symétriquement par rapport au pli médian.

Pour le collage, on utilise des résines de mélamine modifiées, des résines phénoliques durcissant en milieu alcalin ou des résines de résorcinol ou phénol-résorcinol. En général, les panneaux sont réalisés en pin douglas, en pin du Sud ou en acajou et, pour la plupart, importés d'outre-Atlantique.

Leur surface peut être brute de sciage, poncée, brossée, sablée ou profilée (rainurée). Les panneaux sont livrables non traités, dotés d'une couche de fond ou à l'état fini. Comme pour les panneaux

7.4
Immeuble de bureaux à Klaus, dans le Vorarlberg. Ce bardage en panneaux trois plis lasurés date d'environ six à huit ans. Sa couleur bleu gris anticipe le grisaillement qui survient naturellement suite au lessivage du revêtement superficiel.

7.5
De près, on constate que la couche de finition s'écaille, mais aussi que l'âme se fend au niveau des joints, de sorte que l'humidité peut s'infiltrer dans le panneau et, à terme, l'endommager.

trois plis, leur face arrière doit être dotée d'un revêtement.

Panneaux de particules liées au ciment

Les panneaux se composent ici de copeaux d'épicéa ou de sapin liés à du ciment Portland et pressés à plat.

Lorsque le traitement superficiel s'effectue en usine, on applique sur leur face visible un revêtement acrylate mat soyeux, et l'on protège leur face arrière. Le revêtement superficiel peut être de couleur et de structure très variées.

Il est aussi possible de commander des panneaux déjà dotés d'une couche de fond et de procéder aux finitions sur le chantier. Il faut alors que le revêtement soit résistant aux alcalins et aux intempéries et qu'il adhère bien au subjectile, sans quoi des efflorescences risquent de se former. On utilisera des dispersions acryliques riches en liant, avec des pigments anorganiques résistants à la lumière. Les tranches des panneaux ne doivent être dotées d'aucun revêtement supplémentaire, afin de ne pas empêcher la diffusion de l'humidité. Il n'y a pas lieu non plus d'arrondir les arêtes.

Pour fixer les panneaux aux lattes support, les fabricants offrent des vis en acier inoxydable de couleur assortie. Afin d'éviter que des contraintes ne se produisent lors de la pose, les panneaux doivent être prépercés avec un diamètre nominal légèrement supérieur à celui des vis.

7.6 *en bas à gauche et ci-dessous*
Ecole enfantine à Hanovre. Ce bardage en panneaux de contreplaqué non traités date de huit ans. Si l'on entend laisser le bois grisailler naturellement, les principes à appliquer sont les mêmes que pour un bardage à lames de mélèze non traité. Même si l'on ne peut recommander un tel revêtement de façade, il représente une alternative économique – pour peu qu'on s'accommode de sa texture rêche et du gonflement des panneaux au niveau des joints.

7.7
Bâtiment d'habitation à bardage en panneaux de contreplaqué, à Berne. Située à l'abri des intempéries, la façade a gardé belle allure.

7.8
Il en va autrement des façades exposées: cinq ans avant que cette photo ait été prise, la lasure était noire – et l'ouvrage publié dans des revues renommées.

Panneaux OSB

Composés de lamelles de bois orientées, les panneaux OSB (*Oriented Strand Board*) se prêtent à des fonctions de cloisonnement et de contreventement en intérieur. Ils ne sont en revanche pas agréés comme panneaux de façade.

Malgré cela, de nombreux bardages ont été, ces dernières années, réalisés avec de tels panneaux. De bonnes expériences ont été faites dans le cas de façades protégées de la pluie chassée par des avant-toits de largeur suffisante.

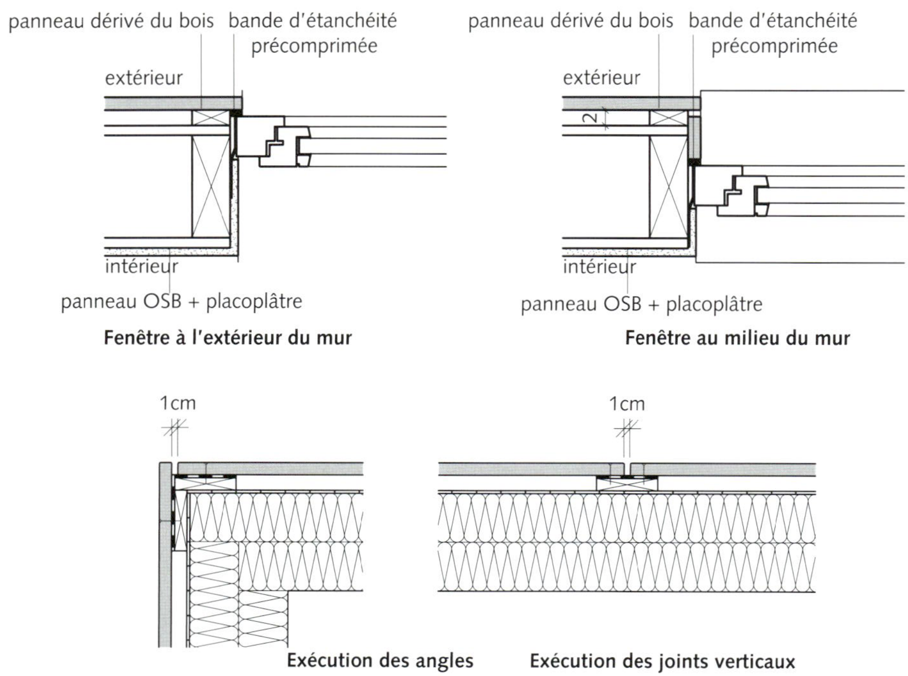

7.9

Bardages en panneaux dérivés du bois : exécution des joints, des angles et des raccords avec les fenêtres.

7.10

Bâtiment d'habitation avec bardage en panneaux de particules liées au ciment. Le revêtement acrylate a été appliqué en usine (Eternit). Les joints sont garnis de bandes d'étanchéité.

7.11

Bardage en panneaux OSB du foyer de scouts de Wolfurt, dans le Vorarlberg. La façade étant entièrement abritée par un vaste avant-toit (voir ill. 4.3), l'emploi de tels panneaux ne pose aucun problème.

Panneaux composites

Entre les panneaux dérivés du bois et ceux dits composites, il n'existe pas de limite nette. Il est probable que ces derniers seront, à l'avenir, de plus en plus utilisés dans la construction de façades.

Les panneaux stratifiés haute pression (HPL) se composent de fibres de cellulose liées à de la résine synthétique. Leur surface est revêtue de mélamine, ce qui les rend très résistants aux intempéries. Ils sont déjà agréés comme panneaux de façade à partir d'une épaisseur de 6 mm.

Une autre approche consiste à enrober, en usine, des panneaux dérivés du bois d'un revêtement synthétique multicouche de haute qualité.

7.12 *en haut au milieu*
Banque populaire de Sulingen, en Basse-Saxe. Les panneaux de contreplaqué ont été dotés, sur toutes leurs faces, d'un revêtement synthétique liquide disponible dans de nombreuses couleurs. Photo: Ceolan®

7.13 *en haut à droite*
Bardage en panneaux HPL d'une usine de traitement du bois à Feldkirch, dans le Vorarlberg.

Tableau 7.2
Aptitude des panneaux dérivés du bois à servir de bardage en fonction du traitement de leur surface.
Source [2]

Aptitude des panneaux dérivés du bois à servir de bardage				
Type de panneaux		Surface non traitée	Surface traitée	Problèmes possibles
Bois panneautés	à une couche	non appropriés	appropriés à certaines conditions	modifications de dimensions et de forme
	à plusieurs couches	appropriés	appropriés	fissuration, délamination
Panneaux de particules	collées à la résine synthétique	non appropriés	non appropriés	pourrissement, gonflement en épaisseur
	liées au ciment	appropriés	appropriés	modifications de dimensions
Panneaux OSB		non appropriés	appropriés à certaines conditions	pourrissement, gonflement en épaisseur
Panneaux de fibres		non appropriés	non appropriés	absorption d'eau
Panneaux à plis déroulés	lamibois	non appropriés	non appropriés	modifications de dimensions
	contreplaqué	appropriés	appropriés	fissuration des parements

Tableau 7.3
Caractéristiques livrables des panneaux dérivés du bois.
(1) Modification de longueur en % / % de changement d'humidité
Source [3]

Produit	Epaisseur (mm)	Dimensions (mm)	Surface	Revêtement	Classe de matériau	Coefficient de gonflement/ retrait(1)
Panneaux trois plis	épicéa: 19, 21, 22 et 27 mm mélèze: 19 mm	1250 × 5000 2050 × 5000	poncés, brossés	non traités, dotés d'une couche de fond, à l'état fini	B2	0,02
Panneaux de contre-plaqué	12, 15 et 18 mm	1220 × 2440 1250 × 2500	bruts, poncés, brossés	non traités, dotés d'une couche de fond	B2	0,02
Panneaux de particules liées au ciment	8 – 20 mm livraison à l'état fini: 12 mm	1250 × 2600 1250 × 3100 1250 × 3350	poncés	non traités, dotés d'une couche de fond, à l'état fini	B1 ou A2	0,03
Panneaux OSB	12 – 30 mm	1250 × 2500	bruts, poncés	non traités	B1	0,03

7.2 Fixation des panneaux dérivés du bois

Les panneaux dérivés du bois sont fixés sur des lattes verticales espacées d'environ 60 à 80 cm. Ce lattage support est de même nature et de mêmes dimensions que celui d'un bardage à lames (voir sect. 3.2).

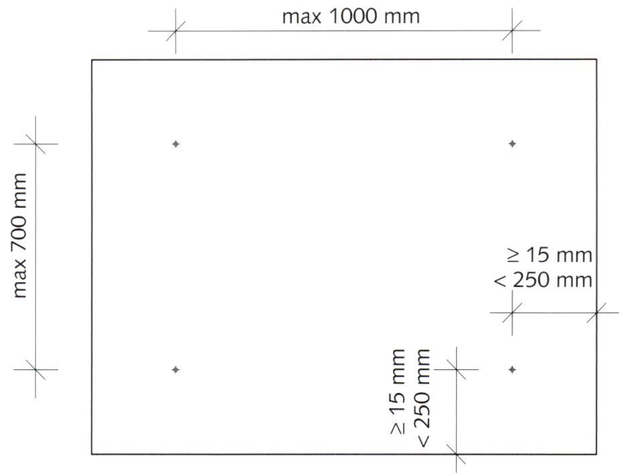

7.14
Distances à observer pour la fixation des bois panneautés en bardage.

7.3 Pose des panneaux dérivés du bois

Les principes régissant la pose des panneaux dérivés du bois ne sont pas très différents de ceux qui s'appliquent aux bardages à lames. Du fait de leurs dimensions, toutefois, les panneaux requièrent plus de rigueur dans le calepinage. Les joints étant plus espacés, il faut plus d'efforts pour les faire correspondre avec les baies et les arêtes du bâtiment.

7.15 *en bas à gauche*
Bardage en panneaux de contreplaqué à joints en croix. Les panneaux sont accrochés à des rails non visibles. Aujourd'hui, il est même possible de coller les panneaux sur leur support.

7.16 *en bas au milieu*
Joint horizontal ouvert dans un bardage en panneaux de contreplaqué.

7.17 *ci-dessous*
Exécution des joints horizontaux : ouverts ou avec profilé en Z.

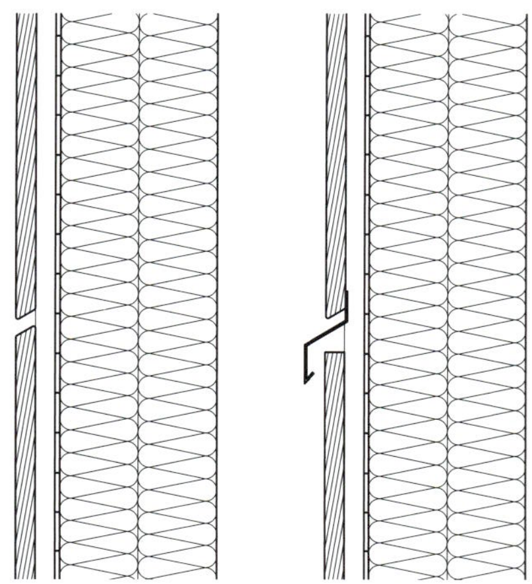

L'exécution des angles se révèle en revanche plus simple, puisqu'il n'y a pas lieu de prévoir des profilés visibles, comme c'est le cas pour les bardages à clins ou à lames profilées.

Exécution des joints

En général, on ménage entre les panneaux dérivés du bois des joints d'au moins 10 mm de large. Si les panneaux sont dotés d'un revêtement superficiel, la largeur des joints ne devrait pas être inférieure à 15 mm, afin que l'on puisse atteindre les tranches avec un pinceau en cas de réfection.

On prévoit en général, derrière les joints verticaux, une latte sur laquelle est fixée une bande en matière synthétique. On pourra aussi opter pour de minces couvre-joints. Afin d'assurer un bon écoulement des eaux météoriques, les tranches horizontales des panneaux non jointifs doivent être biseautées à au moins 15°. Le revêtement superficiel doit aussi recouvrir les tranches, dont les arêtes doivent impérativement être arrondies. En garnissant les joints horizontaux d'un profilé en Z en acier inoxydable, en zinc-titane ou en aluminium, on souligne l'horizontalité de la façade.

Conclusion

Les panneaux dérivés du bois sont, du point de vue de leur structure et de la nature de leurs liants (colle, ciment, matière synthétique), à tel point différents du bois qu'ils représentent plutôt, pour les bardages rapportés, une alternative aux panneaux faits d'autres matériaux (pierre, fibrociment, etc.).

7.18
Bardage en panneaux trois plis lasurés de la société Schindler à Ebikon, en Suisse.

7.19
Raccord entre appui de baie et tableau avec rail de guidage pour store. Au niveau des angles ouverts, le revêtement superficiel doit être appliqué sur toutes les faces des panneaux, dont les arêtes doivent être impérativement arrondies.

7.20
Un calepinage bien conçu et une exécution propre sont encore plus importants dans le cas d'un bardage en panneaux que dans celui d'un bardage à lames.

8 Conception et exécution des bardages en bois

8.1 Critères de conception

Lorsqu'il s'agit de choisir un revêtement de façade, de nombreux arguments, tant rationnels qu'émotionnels, peuvent plaider en faveur d'un bardage en bois. Il est toutefois recommandé de bien peser, *avant* la réalisation, toutes les conséquences liées aux divers modes d'exécution possibles – depuis les questions les plus fondamentales jusqu'aux détails.

De manière générale : les personnes qui ne peuvent se faire à l'idée de voir leur bardage s'altérer avec le temps, ni à celle de devoir l'entretenir régulièrement, feront mieux d'envisager une autre solution. Et celles qui choisiront un bardage en bois pour des raisons purement rationnelles seront toujours contrariées par les propriétés spécifiques du matériau.

Il convient en outre, avant de prendre une décision définitive, de vérifier qu'un tel revêtement de façade soit conforme aux dispositions réglementaires en vigueur.

En Suisse l'utilisation du bois pour les revêtements de façade est soumise au respect des prescriptions de protection incendie de l'Association des établissements cantonaux d'assurance incendie (AEAI). La mise en œuvre de matériaux combustibles en façade est limitée pour certaines affectations (hôpitaux, hôtel) en fonction du nombre de niveaux du bâtiment. A partir de quatre niveaux, des mesures doivent être prises pour limiter l'extension de l'incendie. Des essais réalisés par Lignum en collaboration avec des organismes homologues d'Allemagne, d'Autriche et de Finlande ont permis de valider des concepts adaptés, dont les détails sont stipulés dans la Documentation Lignum protection incendie Tome 7.1 [16].

En France, on trouve dans l'Instruction Technique 249 les exigences particulières relatives à la transmission verticale du feu par les façades, ainsi que des détails constructifs permettant de s'y conformer dont 6 solutions bois actualisées faisant état de la technique. Des essais de réaction au feu sont en cours pour élargir l'offre en revêtements bois classés M2, et garantir une utilisation plus large des revêtements bois en façade conformément aux réglementations incendie.

Une fois qu'on est au clair sur la latitude que laisse le cadre juridique applicable, il convient de bien mettre en balance les variantes envisageables :

- Quels sont les grands avantages et inconvénients d'un bardage en bois par rapport à d'autres revêtements

Elément	Classe de matériau requise en Allemagne pour les bâtiments dont le plancher du dernier étage se trouve à une hauteur h		
	h ≤ 7 m	7 < h ≤ 22 m	h > 22 m
	classes de bâtiment 1 – 3	classes de bâtiment 4 – 5	(tours)
Revêtement de façade	B2	B1 (2)	A
Support	B2	B2 (1)	A
Isolation thermique	B2	B1	A
Organes de fixation	A	A	A

(1) Admissible seulement si la propagation du feu au sein de la construction peut être contenue assez longtemps, p. ex. grâce à la mise en place, à chaque niveau, de bandes d'étanchéité intumescentes.

(2) Si le bâtiment est surélevé d'un niveau, il n'y a pas de risque de propagation du feu d'un niveau à l'autre. On pourra dès lors admettre pour la surélévation, d'entente avec l'autorité de surveillance des travaux, l'utilisation de matériaux de la classe B2.

Tableau 8.1
Classe de matériau requise en Allemagne pour les éléments de revêtement de façade.

de façade (coûts de réalisation et de maintenance) ?
- Faut-il opter pour un bardage naturel ou un bardage traité ? Les coûts liés à un éventuel revêtement superficiel et à son entretien ont-ils été identifiés ? Est-on suffisamment informé sur la durée de vie et les différentes phases d'usure du bardage ?
- Dans quelle mesure le bardage doit-il pouvoir être modifié ? Faut-il le clouer, le visser ou l'agrafer ?
- Faut-il poser les lames à l'horizontale ou à la verticale (tant en fonction des intempéries que de critères esthétiques) ?
- Comment faut-il exécuter les détails (angles du bâtiment, encadrements de baies, raccords à la toiture, soubassement, etc.) ?

Ces décisions fondamentales doivent être prises avant l'établissement d'un cahier des charges et l'attribution des travaux, et sont ensuite à préciser avec l'artisan chargé de l'exécution.

Aussi le savoir-faire de ce dernier aura-t-il une influence déterminante sur la conception des détails : si l'entreprise mandatée n'est pas à même d'exécuter des détails exigeants, il vaudra mieux simplifier au maximum les raccords. Si un joint d'ombre de 12 mm tolère des écarts de ±2 mm, un raccord à joint vif exécuté avec le même degré d'imprécision produira une impression d'amateurisme. Si le bardage est destiné à recevoir un revêtement superficiel, on devra veiller, dès l'élaboration des détails, à ce qu'on puisse atteindre les tranches avec un pinceau.

Mesures de protection incendie des bardages en bois
Choisir des matériaux dont l'inflammabilité correspond aux exigences.
Utiliser des matériaux combustibles B1/B2 et des matériaux incombustibles A1/A2.
Protéger les chemins de fuite des chutes d'éléments de façade.
Limiter la lame d'air au minimum nécessaire afin de réduire l'effet de cheminée.
Le cas échéant, utiliser des substances intumescentes capables d'obstruer la lame d'air en cas d'incendie.
Eviter la propagation du feu en utilisant, par compartiment coupe-feu, des matériaux incombustibles, ou en prévoyant des éléments en saillie capables de dévier les flammes (p. ex. balcons).
Empêcher la propagation du feu en bourrant complètement l'espace compris entre bardage et structure par des isolants minéraux résistant à l'humidité et aux déformations, afin de permettre une extinction efficace de l'extérieur.

Tableau 8.2
Principales mesures de protection incendie à prendre pour les bardages en bois.
Source : Informationsdienst Holz

Cahier des charges

Tout l'enjeu consiste à décrire les prestations attendues avec assez de précision pour que la ou les entreprises concernées puissent évaluer l'ampleur et la difficulté du travail à fournir et remettre une offre correcte. Si le cahier des charges reste trop général, cela se paiera, par la suite, par d'onéreux avenants. S'il est, à l'inverse, trop précis, cela risque d'inquiéter les artisans et de les inciter à proposer des prix excessifs.

La composition générale du bardage (essence et qualité du bois, mode et sens de pose des lames, traitement superficiel, lattage support) doit être décrite au moyen de dessins et de textes, tout comme les principaux détails, les quantités (mètres carrés de surface et mètres courants de raccords) ainsi que la configuration du chantier (accès, possibilités de stockage, échafaudages, etc.).

En plus du cahier des charges, il vaut la peine d'inviter les entreprises candidates à une visite sur place, au cours de laquelle le degré de difficulté de la tâche et les détails de l'exécution puissent être clarifiés.

Tableau 8.3
Obligations du concepteur en matière de conseil. Il est recommandé d'informer le maître d'ouvrage de façon circonstanciée et de lui faire confirmer par écrit qu'il a lu le présent ouvrage.

Information relative aux risques et conséquences des choix opérés
• Intervalles d'entretien en fonction du revêtement superficiel choisi
• Durabilité et effets des différents revêtements et couleurs
• Grisaillement prévisible en fonction de l'orientation des façades et des avant-toits éventuels
• Spécificités des essences, p. ex. poches de résine (épicéa) ou voilement (mélèze)
• Risques de formation de moisissure ou d'algues
• Risques de fissuration des lames de grande largeur
• Exposition du bardage à l'humidité selon la hauteur du soubassement
• Avantages et inconvénients des différents modes de pose et de fixation

On devrait en principe demander de remettre une offre à au moins deux, mais au maximum quatre à six entreprises, en communiquant à toutes le nombre de concurrents en lice. Tous les artisans sollicités devraient avoir de réelles chances de remporter le contrat, de sorte qu'il vaille pour eux la peine de calculer avec soin leur prix. Les profanes ne se rendent souvent pas compte du temps que prend l'établissement d'une offre sérieuse.

Un cahier des charges devrait toujours s'élaborer sur la base de plans d'exécution et de détails déjà établis. Afin d'assurer une exécution durable et économique et de minimiser les décalages entre prestations demandées et offertes, les entreprises doivent impérativement disposer des informations suivantes :

- Configuration des lieux (accessibilité de la façade, possibilités de stockage, etc.).
- Dimensions principales du bâtiment.
- Superficie des différentes parties de façade à revêtir.
- Matériau et épaisseur de la structure principale, classe de résistance de la pierre ou du béton.
- Tolérances dimensionnelles au niveau des murs existants.
- Description du lattage support (matériaux, tri, dimensions, organes de fixation, écartements).
- Essence et qualité du bois, dimensions, mode et sens de pose des lames.
- Type, dimensions, matériau, nombre et disposition des organes de fixation.
- Indications relatives à l'exécution de la lame d'air et des grilles anti-insectes.
- Revêtement superficiel (qualité, nombre et épaisseur des couches).
- Nombre, longueur et nature des raccords et des profilés de protection nécessaires (soubassement, séparations entre niveaux, encadrements de baies, raccords à la toiture, angles du bâtiment).
- Exécution des joints et profilés nécessaires (y compris travail supplémentaire requis au niveau du lattage support).
- Nombre, dimensions et exécution des réservations et percements.

En Suisse les normes SIA 118 et 118/265 fixent les conditions générales pour l'exécution des travaux de construction. Elles définissent, entre autres, les modes de métré, les droits et obligations des parties au contrat ainsi que les prestations implicitement comprises dans l'offre. En France, la partie 2 du DTU 41.2 définit les clauses administratives spéciales (CCS) relatives aux travaux de revêtements extérieurs en bois.

8.2 Coût des bardages en bois

Facteurs de coût

Le coût d'un bardage dépend des facteurs suivants :

- Essence et qualité du bois
- Dimensions des lames
- Revêtement superficiel
- Lattage support
- Organes de fixation
- Mode de pose
- Type et quantité des raccords
- Déchets

Les tarifs indiqués sont valables pour l'Allemagne, mais sont applicables pour d'autres régions en adaptant les coûts horaires.

Essence et qualité du bois

Le prix des essences indigènes varie, grosso modo, entre 15 et 25 €/m². La différence de prix entre épicéa et mélèze se monte à environ 5 €/m²; le mélèze de Sibérie est d'environ 20 à 30% plus cher. Seul le cèdre rouge américain relève, avec ses 50 à 60 €/m², d'une catégorie de prix sensiblement supérieure.

Profil et dimensions des lames

Les dimensions des éléments de bardage ont moins d'incidences sur le prix du matériau que sur le temps de travail nécessaire, lequel est inversement proportionnel à la largeur des lames. La découpe et la pose de lames de 7 cm de largeur demandent à peu près le même temps que celles de pièces deux fois plus larges, mais on ne recouvre avec qu'une surface deux fois moins importante.

Les bardages à feuillure sont les plus faciles à mettre en œuvre, puisque chaque lame vient s'emboîter dans la précédente. Dans le cas des bardages à lames verticales à recouvrement, le temps nécessaire est, selon la largeur des pièces, d'environ 15 à 20% plus important.

Les bardages à claire-voie composés

Facteurs de coût des bardages en bois

Objet	Exécution	Prix (€)	Temps (h)
Lames (prix et temps par m²)	épicéa, clins à feuillure, 19/125 mm	13,00	0,3 – 0,5
	épicéa, brut de sciage, profils cunéiformes, 22/146 mm	15,00	0,3 – 0,5
	mélèze, brut de sciage, 24/140 mm, lames verticales à recouvrement	17,00	0,4 – 0,5
	mélèze de Sibérie, chants plats, raboté, 21/96 mm	20,00	0,3 – 0,5
	méranti, chants plats, 19/140 mm	42,00	0,4 – 0,6
	cèdre rouge, à feuillure, 19/140 mm	60,00	0,3 – 0,5
	épicéa, thermotraité, profilé, 19/125 mm	28,00	0,4 – 0,6
	mélèze de Sibérie, profils rhombiformes, 27/56 mm	32,00	0,5 – 0,6
	mélèze de Sibérie, doubles profils rhombiformes, 34/146 mm	46,00	0,2 – 0,4
Panneaux dérivés du bois (prix et temps par m²)	panneaux trois plis, épicéa, 22 mm	28,00	0,20 – 0,25
	panneaux de contreplaqué	18,00	0,20 – 0,25
	panneaux de particules liées au ciment, avec couche de fond	28,00	0,25 – 0,35
	panneaux OSB	9,00	0,20 – 0,25
Support (prix et temps par mct)	lattage, 40/60 mm	0,80	0,08 – 0,12
	contre-lattage, 20/100 mm	0,50	0,05 – 0,10
	film pare-pluie, résistant aux UV	4,00	0,05
	panneaux pare-pluie	6,00	0,05 – 0,07
Finitions en usine (prix et temps par m²)	1 couche de fond + 2 de revêtement, application industrielle	10,00	
	1 couche de fond + 2 de revêtement, application artisanale	2,00	0,2 – 0,3
Organes de fixation (prix et temps par m²)	clous, tête d'homme, galvanisés	0,50	0,06 – 0,10
	agrafes	0,80	0,05 – 0,06
	vis 5/50, acier inoxydable	3,00	0,06 – 0,10
	prépercement		0,06 – 0,08
Raccords (prix et temps par mct)	tableaux, linteaux	2,00 – 3,00	0,10 – 0,15
	profilés d'angle, bois	2,00 – 3,00	0,10 – 0,15
	profilés d'angle, métal	5,00 – 8,00	0,10 – 0,15
	grilles anti-insectes, tôle perforée	3,00 – 5,00	0,06 – 0,10
	grilles anti-insectes, PVC	1,00 – 1,50	0,03 – 0,05

Tableau 8.4
Coût des bardages en bois.

8.1 *ci-dessus*
Les bardages composés de lames courtes et larges et de dimensions constantes sont les moins chers à poser. Les lames peuvent être prédécoupées et prépercées en grandes séries.

8.2 *ci-dessous*
Immeuble de bureaux dans le Vorarlberg (architecte B. Spiegel). Chacun des profils rhombiformes de ce bardage en mélèze présente une géométrie différente. Les actuelles machines à usiner à commande numérique permettent de réaliser de tels bardages au millimètre près.

de profils rhombiformes requièrent une grande précision. Il faut, soit insérer un écarteur au niveau de chaque point de fixation, soit pratiquer des encoches sur les lattes support avant la pose.

Revêtement superficiel

Le coût d'un revêtement superficiel dépendra bien sûr du type de revêtement choisi, mais aussi du nombre d'opérations nécessaires. En général, il est nécessaire d'appliquer une couche de fond et deux couches de revêtement. Il convient en outre de tenir compte du temps qu'il faut pour peindre les surfaces de coupe. Les revêtements appliqués en usine sont en général meilleur marché et présentent un fini plus homogène. Il s'agit cependant, là aussi, de prendre en compte le temps nécessaire pour peindre les surfaces de coupe ou de percement sur le chantier.

Lattage support

Si les lames sont posées à l'horizontale, un lattage vertical suffit. Si les lames sont verticales, il faudra un lattage horizontal et, pour assurer une bonne ventilation de la façade, un contre-lattage vertical. Dans le cas d'un bardage vertical à claire-voie, on devra prévoir des lattes en mélèze à face supérieure biseautée. De telles pièces n'étant en principe pas disponibles en stock, le biseautage devra s'effectuer sur le chantier.

La fixation des lattes support au mur constitue un autre facteur de coût. S'il suffit de les visser (comme dans le cas d'une construction à ossature bois), ce sera beaucoup moins onéreux que de devoir les ancrer au moyen de chevilles dans un mur en pierre ou en béton.

Organes de fixation

Rapporté au coût global d'un bardage, le choix des organes de fixation n'est pas déterminant. La technique la plus économique est l'agrafage. Si l'on opte pour des vis, c'est presque le prépercement des lames qui demande le plus de travail. Cette solution offre cependant plus de flexibilité au niveau de l'entretien et d'éventuelles modifications ultérieures.

Mode de pose/ longueur des lames

La composition de la façade, l'ampleur des surfaces d'un seul tenant et le nombre des lames à découper sur place seront déterminants pour le travail à fournir. Il en va de même de la longueur des lames : celles-ci pourront-elles être découpées et posées par une seule personne, ou en faudra-t-il deux ? Il arrive que les longues lames s'incurvent (en particulier celles en mélèze, lorsqu'elles restent longtemps exposées au soleil), et l'on ne peut les redresser qu'avec l'aide d'une seconde personne.

Type et quantité des raccords

Les raccords au niveau des baies et des angles requièrent souvent plus de travail que les parties courantes.

Adapter les lames une par une demande beaucoup de temps. Couvrir de petites surfaces de géométrie irrégulière (voir ill. 8.2) peut vite nécessiter trois à cinq fois plus de travail que revêtir une surface équivalente de lames de dimensions constantes. Dans certains cas, le coût des travaux est pratiquement impossible à estimer à l'avance,

Exemple 1 : mélèze non traité, vertical, à claire-voie			**€**	**h**
Superficie du bardage	120 m²	mélèze, chants plats, lames verticales	2400,00	48
Déchets	10%		240,00	
Lattage	120 m²	lattes horizontales 40/60 mm	96,00	12
Contre-lattage	120 m²	contre-lattes 20/100 mm	60,00	9
Organes de fixation	120 m²	vis 5/50 en acier inoxydable	360,00	9,6
Revêtement superficiel	120 m²			
Encadrements de baies	40 mct	tableaux, linteaux	100,00	6
Angles du bâtiment	15 mct			
Grilles anti-insectes	80 mct	grilles en PVC	100,00	3,2
Temps de travail (h)				87,8
Coût des matériaux (€)			3356,00	49%
Coûts salariaux pour un taux de 40 €/h			3512,00	51%
Somme			**6868,00**	**100%**
Coût total en €/m² (hors TVA)			**57,23**	

Exemple 2 : clins livrés à l'état fini			**€**	**h**
Superficie du bardage	120 m²	épicéa, brut de sciage, profilé	1800,00	48
Déchets	10%		180,00	
Lattage	120 m²	lattes verticales 40/60 mm	96,00	12
Contre-lattage	120 m²			
Organes de fixation	120 m²	vis 5/50 en acier inoxydable	360,00	9,6
Revêtement superficiel	120 m²	finition en usine	1200,00	2
Encadrements de baies	40 mct	tableaux, linteaux	100,00	6
Angles du bâtiment	15 mct	profilés d'angle en bois	37,50	2,7
Grilles anti-insectes	80 mct	grilles en PVC	100,00	3,2
Temps de travail (h)				83,5
Coût des matériaux			3873,50	54%
Coûts salariaux pour un taux de 40 €/h			3340,00	46%
Somme			**7213,50**	**100%**
Coût total en €/m² (hors TVA)			**60,11**	

Tableau 8.5 Estimation du coût de différents bardages (état 2009).
Les coûts de base liés au bois, au lattage support et aux organes de fixation varient peu. Sont d'importants facteurs de coût le traitement superficiel des lames ainsi que la longueur et la complexité des raccords en fonction du sens de pose.

la facturation ne pouvant alors se faire que sur la base du temps qui s'est effectivement révélé nécessaire.

Déchets

La plupart des lames sont aujourd'hui commercialisées dans des longueurs comprises entre 2,70 et 4,80 m, avec des incréments de 30 cm. En dessinant les joints horizontaux et verticaux du bardage sur une élévation à l'échelle 1 :50, on pourra définir la longueur des lames avec une précision de ± 5 cm. Si l'on tient compte du fait que chaque livraison comporte quelques lames défectueuses (fil tors, nœuds tombés), les déchets représentent environ 5 à 10% de la quantité de bois effectivement requise.

Exemples de coûts

Le coût matériel d'un bardage en bois est assez facile à déterminer. Les prix des matériaux peuvent être obtenus auprès de n'importe quel fournisseur ou dans les magasins spécialisés. Quant aux coûts de mise en place, ils dépendent dans une large mesure du degré de difficulté de la tâche et des conditions locales. Les indications de temps fournies dans les tableaux 8.5 et 8.6 sont à considérer comme des valeurs indicatives pour la pose de bardages simples, sans adaptation individuelle des lames (biseautage, etc.) ni solutions d'angle compliquées, et avec une vitesse de travail moyenne. Les suppléments liés au transport et à la logistique ne sont pas pris en compte. Si les travaux sont effectués par des non-professionnels, il faut prévoir entre 50 et 100% de temps en plus.

Pour peu que l'on utilise des matériaux courants, les différences de prix entre les divers types de bardages ne sont pas très importantes, mais les offres des artisans peuvent beaucoup varier par rapport aux indications fournies ici. Tous les prix sont indiqués hors TVA.

Exemple 3 : panneaux trois plis livrés à l'état fini			**€**	**h**
Superficie du bardage	120 m²	panneaux trois plis 22 mm	3360,00	30
Déchets	10%		336,00	
Lattage	120 m²	lattes verticales 40/60 mm	96,00	12
Contre-lattage	120 m²			
Organes de fixation	120 m²	vis 5/50 en acier inoxydable	180,00	4,8
Revêtement superficiel	120 m²	finition en usine	1200,00	2
Encadrements de baies	40 mct	tableaux, linteaux	100,00	6
Angles du bâtiment	15 mct			
Grilles anti-insectes	80 mct	grilles en PVC	100,00	3,2
Temps de travail (h)				58,0
Coût des matériaux			5372,00	70%
Coûts salariaux pour un taux de 40 €/h			2320,00	30%
Somme			**7692,00**	**100%**
Coût total en €/m² (hors TVA)			**64,10**	

Tableau 8.6
Estimation du coût d'un bardage en panneaux dérivés du bois (état 2009).
Les coûts ne sont pas très différents de ceux d'un bardage à lames. Si l'on opte cependant pour des panneaux de particules liées au ciment, les coûts seront d'environ 30% supérieurs.

8.3 Autoconstruction des bardages en bois

Que ce soit lors de la construction ou de la rénovation d'un bâtiment, il n'est guère d'activité plus gratifiante et plaisante que de réaliser soi-même un bardage en bois. Si tout se passe bien, on aura du plaisir, chaque fois qu'on rentre chez soi, à admirer le fruit de son travail, qui pourra en l'occurrence, du fait de son impact visuel, procurer l'impression qu'on a construit soi-même sa maison. A l'inverse, cependant, on pourra aussi s'irriter chaque jour de détails bâclés ou de lames mal peintes.

Le succès d'une telle entreprise présuppose une bonne planification et des détails conçus de manière appropriée. Si l'on veut que la motivation reste intacte sur le chantier, il est primordial de bien s'organiser, d'acheter les matériaux nécessaires dans les bonnes quantités et de s'équiper des outils adéquats.

Il existe une différence fondamentale entre un chantier conduit de façon professionnelle et celui qu'on mène soi-même. Alors qu'un bardage réalisé par de bons artisans est le résultat d'un savoir-faire éprouvé, d'une logistique de chantier optimale et de la pression de devoir terminer les travaux dans les délais impartis, la plupart des opérations d'autoconstruction sont faites d'un mélange d'improvisation, d'états d'âme positifs ou négatifs et d'agitation inutile.

Aussi les paragraphes qui suivent proposent-ils quelques conseils tirés des nombreuses expériences faites par l'auteur avec des non-professionnels – à commencer par une liste de questions à se poser quant au contexte de l'entreprise :

- Pourquoi construire son bardage soi-même ? (Pour faire des économies, se réaliser, s'occuper, faire de l'exercice… ?)
- Où peut-on effectivement réaliser des économies ? (Pour quels travaux un profane met-il trois fois plus de temps qu'un professionnel, alors qu'il pourrait tout aussi bien faire autre chose d'utile ?)
- Que faut-il savoir faire ? (Scier, visser, percer, peindre, organiser, mettre une bonne ambiance, s'occuper des boissons ?)
- De quel équipement a-t-on besoin ? On n'a jamais assez d'outils ! Chaque poste de travail doit disposer de tous les outils nécessaires. Il est exclu que les perceuses se baladent sur le chantier : si l'on doit percer des trous à deux endroits, alors il faut deux perceuses (et toujours assez de mèches, forets et batteries de rechange).
- Combien de personnes sont-elles nécessaires ? Réaliser seul un bardage n'est possible que s'il est subdivisé en conséquence. Il s'agit alors de découper et percer à l'avance une vingtaine de lames, de les poser à l'endroit voulu sur les échafaudages et de les visser. L'entreprise ressemble plus à une thérapie par le mouvement qu'à un travail sérieux.

8.3
Une bonne organisation et un bon équipement sont des conditions essentielles pour le bon déroulement d'un chantier d'autoconstruction. La personne qui scie peut en profiter pour peindre les surfaces de coupe.

8.4
On aura intérêt à exécuter les travaux répétitifs – p. ex. le prépercement des lames – à la chaîne. Pour éviter de devoir procéder à des retouches, on ne peindra les lames qu'une fois qu'elles ont été découpées et percées.

8.5
Des lames aussi longues ne peuvent être posées qu'à deux, d'autant qu'il n'est pas possible d'ajuster seul les extrémités de deux lames. Par ailleurs, des échafaudages de dimensions suffisantes sont indispensables. Travailler sur une échelle n'est pas seulement dangereux : c'est économiser au mauvais endroit.

8.6
Il vaut toujours la peine de demander quelques astuces aux professionnels. Utiliser son mètre pliant comme écarteur en est une.

- Qui se sert de quel outil ? La personne qui scie est le véritable pivot de l'entreprise : c'est vers elle que confluent toutes les informations. Quelle est la longueur des lames ? Faut-il encore l'adapter ? Si les lames doivent être prépercées, il faut le faire juste à côté. C'est depuis l'aire de sciage que le chantier est dirigé. Il faut que la personne qui scie voie celle qui visse, afin de pouvoir exécuter ses ordres : « 2 mm de moins pour la prochaine ! »
- Quelle doit être la taille du chantier ? De quelle surface de travail et de mouvement a-t-on besoin ? Où stocker quel matériau ? Quels outils doit-on avoir à portée de main ?
- De quels stocks faut-il disposer ? Quelle quantité de matériau pourra-t-on mettre en œuvre dans la semaine ou le mois à venir ? Le bois pourra-t-il être entreposé au sec et à l'air ?

La réalisation d'un bardage en bois ne requiert pas de connaissances préalables, mais une certaine assurance dans le maniement de la scie à onglet, de la perceuse et de la visseuse électrique. Pour les profanes, il est recommandé d'opter pour la technique du vissage, qui permet en effet de corriger facilement les erreurs.

On ne devrait accomplir les travaux qui demandent une grande précision – p. ex. l'exécution des raccords et des angles – que dans des conditions optimales, c'est-à-dire par beau temps et quand on est parfaitement concentré. Un détail d'angle proprement réalisé sera une source de satisfaction quotidienne ; dans le cas contraire, on devra supporter pendant des années les conséquences de son propre amateurisme.

Certaines opérations – comme la pose des lattes support – n'ont pas besoin d'atteindre à la perfection. On les exécutera dans les moments où l'on n'est pas disposé à s'attaquer à des travaux requérant plus de minutie.

Tableau 8.7
Quelques erreurs à ne pas commettre. La réalisation d'un bardage est moins une affaire d'habileté que de logistique. Une bonne préparation et un bon équipement sont les clés du succès.

Erreurs à ne pas commettre
Acheter le matériel nécessaire au compte-gouttes
Discuter sans fin sur l'exécution à retenir
Mettre la mauvaise personne au mauvais endroit
Attendre inutilement que les autres aient terminé leur travail
Devoir parcourir de longues distances jusqu'au chantier
Trimbaler sans cesse perceuses, mèches et autres outils
Brancher, débrancher et rebrancher sans cesse les appareils électriques
Changer sans cesse les matériaux de place
Consacrer à la préparation et aux reprises un temps disproportionné par rapport au temps de travail effectif
Ne pas prévoir d'échafaudages ou s'en procurer d'insuffisants
Ne pas disposer des outils nécessaires
Travailler à la mauvaise saison (froid, tombée rapide de la nuit)
Accomplir les travaux exigeants sans patience

8.4 Réfection des bardages en bois

Un jour arrive où le bardage a atteint un état que l'on peut qualifier d'insupportable. Ni la couleur, ni la qualité de la surface ne correspondent plus aux exigences du moment. Les paragraphes suivants décrivent, en se basant sur l'exemple d'un bardage à clins vieux de douze ans, comment rénover à fond un tel revêtement de façade. Au chapitre 1, nous avons évoqué la tradition scandinave qui consiste à repeindre régulièrement les lames, jusqu'à ce que la façade ne semble plus se composer que de couches de peinture – ce qui n'est pas très favorable au séchage du bois. Il suffit que le revêtement superficiel soit entamé pour que l'eau s'y infiltre et provoque un pourrissement partiel du matériau. Les vieux bardages du Nord en témoignent. C'est la peinture qui finit par porter les lames. De toute évidence, de telles surfaces ne correspondent plus au niveau d'exigence actuel. Il ne reste donc plus que deux possibilités : soit démolir et reconstruire le bardage, soit le rénover.

La première solution pose le problème de l'élimination. Si les bardages non traités peuvent être brûlés ou recyclés, ceux dotés d'un revêtement superficiel doivent être éliminés conformément aux prescriptions locales en matière de gestion des déchets.

La rénovation d'un bardage peint requiert souvent la réfection complète du revêtement superficiel, surtout s'il est prévu de changer de couleur. L'exemple présenté ci-après décrit une manière possible d'enlever le revêtement superficiel des lames et de les préparer à un nouveau traitement.

Le mode de fixation des lames (agrafage, clouage ou vissage) déterminera ici le champ des possibles. Peut-on enlever les lames ou devra-t-on les repeindre à même la façade ? Les lames prépercées et vissées peuvent rapidement s'enlever sans que le bord des trous ne soit abîmé. La remise en place du bardage requiert beaucoup moins de temps que la première pose, car aucune adaptation n'est plus nécessaire (angles, biseaux, etc.). Et si la façade est subdivisée en différentes parties, la réfection pourra s'accomplir par étapes. En outre, les lames dévissées peuvent être repeintes sur toute leur surface, ce qui évite que des différences de couleur n'apparaissent au niveau des recouvrements du fait du retrait.

Le temps nécessaire pour enlever le vieux revêtement superficiel est tout à fait déterminant. Si le bardage est enduit d'une lasure à couche mince, on pourra le décaper au jet à haute pression (voir ill. 8.8). Il est vivement déconseillé d'éliminer l'ancien revêtement par voie mécanique (ponçage), en raison des particules fines et autres composants potentiellement nocifs que cela libère.

Au premier abord, la méthode préconisée peut paraître lourde. Elle a toutefois le grand avantage de permettre d'entretenir et de rénover à fond l'ensemble du bardage tous les dix à quinze ans.

8.7
Bardage avant réfection. Après douze ans, la lasure à couche mince s'était en grande partie délavée et salie.

8.8 *ci-dessus et ci-dessous*
Une fois enlevées, les planches sont décapées au jet à haute pression. Pour ce faire, une bâche est étendue de telle manière que l'eau s'accumule au point bas. En peu de temps, le revêtement s'y dépose, de sorte que l'eau peut sans autre être rejetée dans le sol via un déversoir. On laisse ensuite sécher la masse qui s'est déposée dans la bâche, avant de l'éliminer conformément aux prescriptions applicables.

8.9
Bien laisser sécher les lames avant de les passer à la ponceuse vibrante (granulométrie de 120). Pour que le nouveau revêtement puisse être appliqué de façon optimale, il convient de briser les arêtes.

8.10
Application d'une couche de fond et de plusieurs couches de lasure dans la couleur voulue.

8.11
Il s'agit d'enlever soigneusement tous les restes de l'ancien revêtement, sans quoi la nouvelle lasure ne les recouvrira pas. Même après l'application de quatre couches de lasure anthracite, le bleu d'origine continue ici de transparaître.

Réfection d'un bardage en bois			
Opération	**Temps (h/m^2)**	**Outillage**	**Personnes**
Démontage	0,1	visseuse	2
Nettoyage	0,1	jet d'eau haute pression, bâche 4 x 4 m	1
Ponçage	0,2	ponceuse vibrante, papier de verre (120), min. 2 tréteaux	1
Application du nouveau revêtement	0,2	pinceau/ rouleau, min. 2 tréteaux	1
Pose	0,2	visseuse, vis de rechange	2

Tableau 8.8
Temps et équipement nécessaires pour la réfection décrite ici. Il faut compter en gros, pour l'ensemble des travaux, une heure par mètre carré de bardage.

- Vérifier que le lattage support n'ait pas été endommagé par l'humidité et qu'il présente toujours la résistance mécanique requise.
- Enlever les insectes à l'aspirateur, colmater les éventuels trous d'oiseaux, contrôler et, le cas échéant, remplacer les grilles anti-insectes.
- Vérifier que le film pare-pluie fonctionne, qu'il ne se soit pas fissuré et n'ait pas été endommagé par les UV et, le cas échéant, le remplacer en tout ou partie.
- Vérifier que les raccords aux fenêtres, portes et toitures soient étanches à l'air et au vent; le cas échéant, élaborer un nouveau concept d'étanchéité.
- Vérifier que l'isolant soit sec; le cas échéant, le compléter ou le remplacer par un matériau présentant une moindre conductivité thermique (le pouvoir isolant des fibres minérales a p. ex. augmenté d'environ 20% depuis 1990).
- Poser les éventuels câbles électriques nécessaires dans la lame d'air.
- Rénover le bardage, en profitant éventuellement de l'occasion pour changer ou repeindre les portes et fenêtres.

8.12
Bardage après réfection. La surface est celle d'un bardage neuf. Les portes et fenêtres ont aussi été rénovées. L'opération peut être répétée à de multiples reprises, le bâtiment retrouvant ainsi un aspect moderne à moindres frais.

8.5 Dommages

On est toujours plus malin après qu'avant. Architecte, artisans et maître d'ouvrage se retrouvent, déconfits, devant le bardage, et tout le monde est d'accord : un désastre pareil n'était pas voulu.

Analyse des dommages caractéristiques

Aucun revêtement de façade n'est susceptible de subir des dommages aussi divers qu'un bardage en bois. Cela tient pour l'essentiel au fait que le bois, s'il est durablement imprégné d'humidité, constitue un excellent substrat pour champignons et algues, et qu'il pourrit assez vite sous leur action.

Nous avons déjà présenté quelques mauvais exemples dans les chapitres précédents. Il convient de faire la distinction entre :

- les dommages normaux, dus au vieillissement et aux intempéries ;
- les dommages subis par les éléments d'usure (voir p. 68) ;
- les dommages dus à des défauts de conception et d'exécution.

Les dommages dus au vieillissement et aux intempéries sont pour la plupart inévitables, ceux qui affectent les éléments d'usure, pour ainsi dire préprogrammés. Concepteur et artisan devront bien informer leur client à ce sujet. Seul un maître d'ouvrage bien conseillé acceptera sereinement de telles altérations. Dans la pratique, il est souvent impossible de dissocier la responsabilité du concepteur et celle de l'artisan. Un bon concepteur n'induit pas l'artisan en tentation ; un bon artisan discipline le concepteur.

Défauts de conception

Tout le monde sait qu'une conception mûrement réfléchie permet d'économiser plus qu'elle ne coûte. Or, peu d'architectes disposent d'une connaissance approfondie des bardages en bois, de sorte que ces derniers ne sont pas tou-

8.13
Pourrissement d'un bardage vertical dû à un soubassement trop bas. Si le bardage est très exposé à la pluie et qu'il ne peut sécher assez vite (p. ex. en façade nord), de tels dommages surviennent en moins de dix ans. L'eau de rejaillissement pénètre dans le bois de bout, qui la pompe par capillarité.

8.14
Au point bas du rebord de la toiture plate, l'eau coule régulièrement le long de la façade. En même temps, elle se répand le long de l'arête inférieure des clins et en imbibe la tranche. Si le revêtement superficiel est entamé, cela accroît la capacité d'absorption du bois, dont le séchage est ralenti d'autant.

8.15
Contact direct entre bardage et terrain. Une erreur difficile à comprendre, qui devait inéluctablement conduire à des dégâts en moins d'un an. Sans doute ne connaissait-on pas, au moment de la réalisation du bardage, le niveau qu'atteindrait le pavage. Rien n'empêchait toutefois de poser le lit de gravier quelques centimètres plus bas.

jours conçus avec autant de soin qu'il le faudrait. Hélas, on commet toujours l'erreur de penser qu'un revêtement en bois se comportera comme un parement en brique ou un crépi, alors que ces derniers sont exposés à moins de risques. En outre, les bardages en bois sont presque toujours publiés à l'état neuf, ce qui peut inciter à l'imprudence. Ce n'est en effet qu'après trois à cinq ans que l'on voit si un bardage a été bien ou mal conçu. Nous avons déjà réfuté plus haut l'idée très répandue selon laquelle un bardage non traité prend systématiquement une teinte gris argenté uniforme (voir chap. 6.1).

L'une des grandes erreurs à ne pas commettre consiste à négliger l'effet que déploie, sur la durée, l'alternance entre exposition aux intempéries et séchage. Les concepteurs expérimentés ne se laissent pas aveugler par les revêtements neufs, mais ne tirent de conclusions que de bardages datant d'au moins cinq ans.

Cela dit, on ne peut jamais prédire avec exactitude comment l'aspect d'un bardage évoluera, car les conditions microclimatiques qui règnent au niveau d'une façade dépendent de multiples facteurs apparaissant et se modifiant avec le temps (humidité et ombre dues à des arbres devenus plus grands, effet coupe-vent de nouvelles constructions, modification de la pollution atmosphérique, etc.). On devrait dès la conception tenir compte des options de réfection envisageables (voir sect. 8.4). L'exécution et le nombre des raccords n'ont pas seulement une influence déterminante sur les coûts de construction, mais aussi sur les réticences que l'on aura – ou pas – à entreprendre une rénovation.

On tiendra compte des règles suivantes :

- Prévoir des surfaces d'une géométrie simple, orthogonales, d'un seul tenant.
- Utiliser des lames d'une longueur facile à manipuler (> 4 m : pas pratique).
- Penser au calepinage dès le début (joints continus ou décalés).
- Prévoir de grandes baies, sans changement de matériau au niveau des encadrements.

8.16
Entrée revêtue de panneaux de contreplaqué. Bien que les tranches soient biseautées, l'eau s'y infiltre et fait craqueler la lasure à couche épaisse. Les panneaux inférieurs reposant directement sur la bavette du soubassement, ils sont exposés tant au rejaillissement qu'aux remontées capillaires.

8.17
Séparation entre deux niveaux. Même si la tranche supérieure des lames horizontales est biseautée, le revêtement superficiel ne tarde pas à être lessivé, de sorte que le bois, régulièrement imbibé, finit par pourrir. Ici encore, l'humidité monte par capillarité dans les lames supérieures.

8.18
Angles éclatés d'un panneau de particules liées au ciment. Si les fixations sont trop proches des bords du panneau et que le diamètre des trous prépercés est insuffisant (diamètre de la vis + 2 mm au minimum), les contraintes dues à l'échauffement peuvent conduire à la rupture.

On concevra les détails en fonction du savoir-faire des artisans chargés de les exécuter. Si ces derniers n'ont ni les compétences, ni les outils que requièrent des détails exigeants, on aura intérêt à simplifier les raccords.

Défauts d'exécution

La responsabilité de l'exécution incombe en fin de compte à l'artisan. Si l'on exige de lui autre chose que ce que prescrivent les normes et directives en vigueur, il devra impérativement faire part de ses réticences par écrit au mandant.

8.19
Faire ressortir la fenêtre du plan de la façade est une belle idée, mais elle est ici anéantie par une mauvaise exécution. En négligeant de faire correspondre le calepinage du bardage avec la position de la baie, le concepteur a inutilement mis l'artisan en difficulté.

Ce point figure dans la norme SIA 118 sous différents articles, notamment à l'article 25. Notons que le seul devoir d'avis ne suffit pas forcément à dégager l'entrepreneur de toute responsabilité.

En France l'entrepreneur se réfère aux cahiers des clauses techniques particulières (CCAP) et générales (CCAG) pour la formulation de ses réserves vis-à-vis d'ordres de service contraires ou excédant ses obligations contractuelles.

Même s'il apparaît, selon la longue expérience de l'auteur, que la majorité des dommages sont dus à des défauts de conception, certains le sont clairement à une mauvaise exécution :

- La lame d'air fonctionne mal, ce qui cause cependant rarement de vrais dommages, surtout dans le cas des bardages non traités.
- Défauts de fixation : le bois s'est fendu lors du clouage, sa surface s'est endommagée lors de l'agrafage ou du clouage à la machine.
- Les lames étaient trop humides au moment de la pose, ce qui a provoqué des fissures.
- Les joints ont été mal exécutés.
- Le revêtement superficiel n'a pas été appliqué conformément aux consignes du fabricant.
- Les distances minimales entre lames et éléments contigus n'ont pas été respectées.

Prévention des dommages

Ceux qui ont lu attentivement le présent ouvrage pourront s'épargner l'énumération qui suit. Les autres y trouveront résumées les règles de base à observer lorsqu'on conçoit et réalise un bardage en bois :

- Bien choisir l'essence (classe de résistance), la qualité et l'humidité du bois au moment de la mise en œuvre.
- Bien choisir le revêtement superficiel et tenir compte des consignes du fabricant.
- Pour les bardages dotés d'un revêtement superficiel, prévoir des avant-toits assez larges.
- Garantir un séchage rapide, pour toutes les essences.
- Dans l'idéal, poser les lames à la verticale, pour garantir un bon écoulement de l'eau et un bon séchage du bois.
- Prévenir le rejaillissement, tant au niveau du soubassement qu'en évitant les éléments de façade en saillie (corniches, caissons de stores, etc.).
- Éviter tout contact avec le terrain.
- Concevoir avec soin les détails au niveau des angles, des encadrements de baies et des raccords à la toiture et au soubassement, afin d'éviter l'eau stagnante et les remontées d'humidité.
- Prévoir une lame d'air assez large, tout en la protégeant efficacement des rongeurs et insectes.
- Exécuter les raccords horizontaux (soubassement, toiture, séparations entre niveaux, linteaux) avec des profilés métalliques résistants à la corrosion ou des profilés en bois faciles à remplacer.
- Si nécessaire, garnir les joints de profilés adéquats, en élargissant au besoin les lattes support.
- Au niveau des réservations et percements, éviter le contact avec les tuyaux et bien étanchéifier les raccords avec le film pare-pluie.

9 Annexes

9.1 Bibliographie et normes

Références citées

[1] Bund deutscher Zimmermeister: Fachregeln des Zimmererhandwerks, Aussenwandbekleidungen aus Holz und Holzwerkstoffen. Edition 8/2006.

[2] Holzforschung Austria: Holzfassaden, 2e édition, Vienne, 2002.

[3] Selter, Wolfram, Holzfassaden richtig schützen, in: Applica 8/2005.

[4] Graf, Erwin, Raschle, Paul: Pilze an Holzfassaden mit Oberflächenbehandlung, in: Applica 13-14/2003.

[5] Grossmann, Carol: Marktchancen für hitzbehandeltes Holz in Deutschland. Fribourg-en-Brisgau, 2002.

[6] Kabelitz, E., Reimann, G.: Aussenbekleidungen aus Vollholz.

[7] Kabelitz, E., Schmidtz, H.: Holzfassaden für die Gebäuderenovierung. Informationsdienst Holz, Holzbauhandbuch, Reihe 1, Teil 10, Folge 2, Arbeitsgemeinschaft Holz e.V., Düsseldorf, 1998.

[8] Müller, A., Sessing, J., Schwaner, K., Wiegand, T.: Aussenbekleidungen mit Holzwerkstoffplatten. Informationsdienst Holz, Holzbauhandbuch, Reihe 1, Teil 10, Folge 4, Arbeitsgemeinschaft Holz e.V., Düsseldorf, 2001.

[9] Kotthoff, I.: Brandweiterleitung an Fassaden, in: Tagungsband VFT-Seminar, 30.11-01.12.2000; Verband der Fenster- und Fassadenhersteller, Babenhausen, 2000.

[10] Volkmer, Thomas: Schimmelpilze auf beschichteten Holzfassaden – chemische und physikalische Einflussfaktoren. Fribourg-en-Brisgau, 2007.

[11] Schulze, H.: Baulicher Holzschutz. Informationsdienst Holz, Holzbauhandbuch, Reihe 3, Teil 5, Folge 2, Entwicklungsgemeinschaft Holzbau (EGH) in der Deutschen Gesellschaft für Holzforschung e.V., Munich, 1997.

[12] Winter, S., Löwe, P.: Brandschutz im Holzbau – gebaute Beispiele. Informationsdienst Holz, Holzbauhandbuch, Reihe 3, Teil 4, Folge 3, Entwicklungsgemeinschaft Holzbau (EGH) in der Deutschen Gesellschaft für Holzforschung e.V., Munich, 2001.

[13] Kuhweide, P., Wagner, G., Wiegand, T.: Konstruktive Vollholzprodukte. Informationsdienst Holz, Holzbauhandbuch, Reihe 4, Teil 2, Folge 3, Arbeitsgemeinschaft Holz e.V., Düsseldorf, 2000.

[14] Radovic, B., Cheret, P., Heim, F.: Konstruktive Holzwerkstoffe. Informationsdienst Holz, Holzbauhandbuch, Reihe 4, Teil 4, Folge 1, Arbeitsgemeinschaft Holz e.V., Düsseldorf, 2001.

[15] Böttcher, P.: Anstriche für Holz und Holzwerkstoffe im Aussenbereich. Informationsdienst Holz, Arbeitsgemeinschaft Holz e.V., Düsseldorf, 1999.

[16] Documentation Lignum protection incendie : 7.1 Parois extérieurs – Constructions et revêtement, Lignum, Zurich, 2009.

Pour en savoir plus

Baus, U.; Siegele, K.: Holzfassaden. DVA Verlag, Stuttgart, München, 2000.

Bösch, H.: Revêtements de façade en bois non traité. Lignatec 8/2000, Lignum, Zurich, 2000.

Cerliani, Ch.; Baggenstos, Th.: Sperrholzarchitektur. Baufachverlag Lignum, Zürich, 1997.

Cerliani, Ch.; Baggenstos, Th.: Holzplattenbau. Baufachverlag Lignum, Zürich, 2000.

Kolb, J.: Bois systèmes constructifs, Presses polytechniques et universitaires romandes, Lausanne, 2011.

Sell, J. *et al.*: Préservation du bois dans le bâtiment: directive EMPA-LIGNUM. Lignatec 1/1995, Lignum, Zurich, 1995.

Sell, J. *et al.*: Protection des façades en bois. Lignatec 13/2002, Lignum, Zurich, 2002.

Normes et prescriptions générales

SIA 265: 2012: Construction en bois, Société suisse des ingénieurs et des architectes, Zurich

SIA 265/1:2009: Construction en bois – Spécifications complémentaires, Société suisse des ingénieurs et des architectes, Zurich

SIA 118/265:2003: Conditions générales pour la construction en bois, Société suisse des ingénieurs et des architectes, Zurich

SIA 233:2000: Revêtements de façades – Bardages, Société suisse des ingénieurs et des architectes, Zurich

SIA 257:2005: Peinture, teintage du bois, revêtements muraux, Société suisse des ingénieurs et des architectes, Zurich

NF DTU 31.2 – Travaux de bâtiments – Construction de maisons et bâtiments à ossature en bois

NF DTU 41.2 – Travaux de bâtiment – Revêtements extérieurs en bois

NF DTU 33.1 – Façades rideaux – semi rideaux et panneaux

Cahier 3316 du CSTB: ossature bois et isolation thermique des bardages rapportés faisant l'objet d'un Avis Technique ou d'un constat de traditionnalité

EN 335-1: 2006: Durabilité du bois et des matériaux dérivés du bois – Définition des classes d'emploi – Partie 1: Généralité

EN 335-2: 2006: Durabilité du bois et des produits dérivés du bois – Définition des classes d'emploi – Partie 2: Application au bois massif

EN 350-2: 1994: Durabilité du bois et des matériaux dérivés du bois – Durabilité naturelle du bois massif – Partie 2: Guide de la durabilité naturelle du bois et de l'imprégnabilité d'essences de bois choisies pour leur importance en Europe

EN 1995: 2004: Eurocode 5: Conception et calcul des structures en bois – Partie 1-1: Généralités – Règles communes et règles pour les bâtiments

Musterbauordnung – MBO: November 2002.

DIN 18 363 (2000-12): VOB Verdingungsordnung für Bauleistungen – Teil C: Allgemeine

DIN 18334:2005-01: VOB Vergabe- und Vertragsordnung für Bauleistungen – Teil C: Allgemeine Technische Vertragsbedingungen für Bauleistungen (ATV) – Zimmer- und Holzbauarbeiten.

DIN 18 351 (2000-12): VOB Verdingungsordnung für Bauleistungen – Teil C: Allgemeine Technische Vertragsbedingungen (ATV); Fassadenarbeiten

Feuchteschutz; Anforderungen, Berechnungsverfahren und Hinweise für Planung und Ausführung.

DIN 4108-3 (2001-07): Wärmeschutz und Energie-Einsparung in Gebäuden – Teil 3: Klimabedingter Feuchteschutz; Anforderungen und Hinweise für Planung und Ausführung

DIN 4108-3 Berichtigung 1:2002-04: Berichtigungen zu DIN 4108-3:2001-07.

DIN 1052:2004-08: Entwurf, Berechnung und Bemessung von Holzbauwerken – Allgemeine Bemessungsregeln und Bemessungsregeln für den Hochbau.

DIN 4108-3:2001-07: Wärmeschutz und Energie-Einsparung in Gebäuden – Teil 3

DIN 18 516-1 (1999-12): Außenbekleidungen, hinterlüftet – Teil 1: Anforderungen; Prüfgrundsätze

DIN 1052 (2000-05): Entwurf, Berechnung und Bemessung von Holzbauwerken DIN 50 010-1 (1977-10): Klimate und ihre technische Anwendung; Klimabegriffe; Allgemeine Klimabegriffe

Bois, dérivés du bois, organes de fixation

EN 622:2003-09: Panneaux de fibres – Exigences – Partie 1: Exigences générales

EN 12775:2001-04: Bois panneautés – Classification et terminologie

EN 13353:2003-09: Bois panneautés – Exigences

EN 10088-1:2005-09: Aciers inoxydables – Partie 1: Liste des aciers inoxydables

EN 10230-1:2001-01: Pointes en fil d'acier – Partie 1: Pointes pour usage général

DIN 68 364 (1979-11): Kennwerte von Holzarten, Festigkeit, Elastizität, Resistenz

DIN 4074-1:2003-06: Sortierung von Holz nach der Tragfähigkeit – Teil 1: Nadelschnittholz.

EN 14519: 2005: Lambris et bardages en bois massif résineux – Profilés usinés avec rainure et languette

EN 14915: 2006: Lambris et bardages en bois – Caractéristiques, évaluation de conformité et marquage

EN 14951: 2006: Lambris et bardages en bois massifs feuillus – Lames profilées usinées

EN 15146: 2006: Lambris et bardages en bois massif résineux – Profilés usinés sans rainure et languette

Bois et panneaux à base de bois, critères de qualité dans la construction et l'aménagement intérieur: usages du commerce. 2010, PPUR, Lausanne

Fiches techniques de l'Association suisse des raboteries disponible sous www.vsh.ch

Protection incendie

Prescription suisse de protection incendie 2003. Association des établissements cantonaux d'assurance incendie AEAI, Berne. En ligne www.praever.ch

Documentation Lignum protection incendie: 7.1 Parois extérieures – Constructions et revêtement. 2009, Lignum, Zurich

Règlementation incendie en France: en ligne http://www.sitesecurite.com/

- Règlement ERP (Etablissements recevant du Public);
- Règlement IGH (Immeuble de grande hauteur);
- Règlement bâtiments d'habitation – sécurité et protection contre l'incendie.

Arrêté du 24 mai 2010 portant approbation de diverses dispositions complétant et modifiant le règlement de sécurité contre les risques d'incendie et de panique dans les établissements recevant du public et son annexe l'Instruction Technique n° 249 relative aux façades applicable depuis le 06.10.2010. En ligne http://www.sitesecurite.com/

Préservation du bois

EN 927-1:1996-10: Peintures et vernis – Produits de peinture et systèmes de peinture pour le bois en extérieur – Patrie 1: Classification et sélection

DTU 59.1 – Peinture – Travaux de peinture des bâtiments

Label de préservation du bois Ligum:

- Répertoire d'adresse des spécialistes de la préservation du bois
- Label de qualité pour le bois imprégné en autoclave
- Label de qualité pour les produits de préservation du bois
- Label de qualité pour les façades en bois

Certifications du FCBA:

- CTB P+ pour les produits de traitement (préservation)
- CTB B+ pour les stations de traitement préventif
- CTB A+ pour les entreprises de traitement des bois en œuvre

9.2 Associations et institutions

LIGNUM
Economie suisse du bois
En Budron
CH – 1052 Le Mont-sur-Lausanne
Tél. +41 (0)21 652 62 22
Fax +41 (0)21 652 93 41
www.lignum.ch

CNDB
(Comité national pour le Développement du Bois)
6 avenue de Saint Mandé
F-75012 Paris
Tél. +33(0)1 53 17 19 60
www.cnd.org

FCBA (Institut Technologique Forêt Cellulose Bois-construction Ameublement)
10 avenue de Saint-Mandé
F-75012 Paris
Tél. + 33 (0)1 40 19 49 19
Fax + 33 (0)1 43 40 85 65
www.fcba.fr

Association Suisse des raboteries
Hauptstrasse 34a
CH-5502 Hunzenschwil
Tél. +41 (0)62 823 82 25
Fax +41 (0)62 823 82 21
www.vsh.ch

Crittbois (Centre de ressources pour les entreprises de la filière bois)
27 rue Philippe Séguin
F-88051 Epinal cedex 9
Tél. +33(0)3 29 81 11 70
Fax +33(0)3 29 34 01 22
www.cribois.net/

Holzforschung Austria
Forschungsinstitut und akkreditierte Prüf- und Überwachungsstelle der Österreichischen Gesellschaft für Holzforschung
Franz Grill-Strasse 7
A – 1030 Wien
Tél. +43 (0)1 798 26 23-0
Fax +43 (0)1 798 26 23-50
www.holzforschung.at

Deutscher Holzschutzverband für Aussenholzprodukte e.V. (DHV)
Saarlandstrasse 206
D – 55411 Bingen-Büdesheim
Tél. +49 (0 67 21) 96 81-0
Fax +49 (0 67 21) 96 81-33
www.holzschutz.com

Informationsdienst Holz
Holzabsatzfonds
Absatzförderungsfonds der deutschen Forst- und Holzwirtschaft
Godesberger Allee 142-148
D – 53175 Bonn
Tél. +49 (0) 0228 30838-0
Fax +49 (0) 0228 30838-30
www.holzabsatzfonds.de

proHolz Austria
Arbeitsgemeinschaft der österreichischen Holzwirtschaft
Uraniastrasse 4
A – 1011 Wien
Tél. +43 (0)1 712 04 74
Fax +43 (0)1 713 10 18
www.proholz.at

Index

Dans le même domaine

Surélévations en bois

Markus Mooser, Marc Forestier

La surélévation de constructions constitue un excellent moyen de densifier le tissu bâti, afin de réduire à la fois la consommation d'espace et celle d'énergie. A cet effet, le bois présente de très nombreux avantages, et c'est à une description complète et richement illustrée des techniques de surélévation en bois que s'attache cet ouvrage. Ses 180 pages en couleur proposent une partie théorique suivie d'une description détaillée de 30 exemples construits (maisons individuelles, immeubles d'habitations, bâtiments industriels, bâtiments scolaires). Une véritable référence pour tous les acteurs de la construction en bois.

2011, 23 × 29 cm, 196 pages imprimées en couleur, broché, ISBN 978-2-88074-863-0

Bois Systèmes constructifs

Josef Kolb

La construction en bois a gagné d'importantes parts de marché sur celles des matériaux de construction concurrents. Elle est aujourd'hui dominée par les systèmes de construction à ossature en bois massif. Cette publication offre une approche entièrement renouvelée du sujet. Elle propose un aperçu global, analytique et visuel de toutes les typologies architecturales, de la maison individuelle aux programmes à plus grande échelle et à plusieurs étages. Les différents types d'enveloppe, si importants pour la performance énergétique, ainsi que les principaux systèmes de plancher et de cloisonnement intérieurs sont présentés avec le même soin de précision.

2010, 320 pages, 23 × 30 cm, broché, ISBN 978-2-88074-795-4

Dimensionnement des structures en bois Aide au calcul basé sur la norme SIA 265

Pierre-André Dupraz, Markus Mooser, Denis Pflug

Cet ouvrage propose une approche méthodique du dimensionnement des structures en bois basées sur la norme SIA 265. Une introduction au matériau bois et aux concepts des normes complète l'ouvrage, permettant ainsi d'acquérir les bases nécessaires à la prise en compte des spécificités du matériau dans une philosophie de dimensionnement proche des normes européennes. L'ouvrage est conçu pour que les éléments indispensables au dimensionnement selon la norme SIA 265 soient disponibles en fonction du type de contrôle. Il rassemble ainsi, en fonction des sollicitations, les différents contrôles préconisés par cette norme.

2010, réimpression, 256 pages, 21 × 29,7 cm, broché, ISBN 978-2-88074-736-7

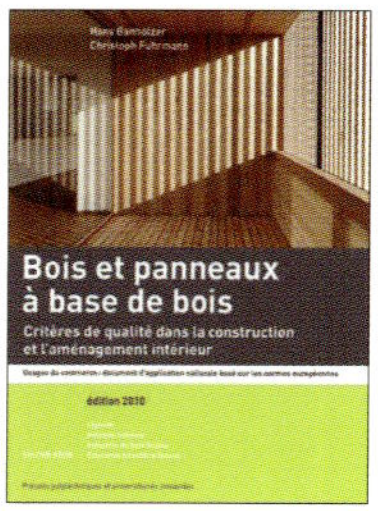

Bois et panneaux à base de bois Critères de qualité dans la construction et l'aménagement intérieur

Hans Banholzer, Christoph Fuhrmann

Le bois dans la construction est un matériau en constante évolution. De nouveaux produits sont apparus, pour lesquels des définitions de la qualité font parfois défaut. Cet ouvrage comble cette lacune et définit les exigences qualitatives auxquelles doivent répondre les produits courants; il définit les classes d'aspect pour les lames rabotées et le bois de structure, et propose des abréviations unifiées pour tous les assortiments. Cette référence, sur laquelle peuvent désormais s'appuyer les relations contractuelles, facilite ainsi la communication entre le maître d'ouvrage, l'architecte et l'entrepreneur.

2010, 144 pages, 21 × 29,7 cm, broché, ISBN 978-2-88074-897-5

Construction en bois (TGC vol. 13) Matériau, technologie et dimensionnement

Julius Natterer, Jean Luc Sandoz, Martial Rey

Cet ouvrage propose d'abord un panorama du domaine de la construction en bois. Les principaux systèmes porteurs en bois et leurs spécificités sont ensuite présentés ainsi que la démarche liée à leur vérification. La stabilité des structures est abordée et la description de quelques réalisations choisies complète ce volume. Illustrées par des exemples numériques, les notions exposées dans cet ouvrage constituent une base indispensable pour mieux appréhender une conception et un développement de structures en bois performantes, répondant aux critères tant fonctionnels qu'économiques ou architecturaux.

2004, 2e édition, 560 pages, 19 × 24 cm, relié, ISBN 978-2-88074-609-4

Pour plus d'informations : www.ppur.org

Construire en bois

Thomas Herzog, Julius Natterer, Roland Schweitzer, Michaël Volz, Wolfgang Winter

Cet atlas propose une mise à jour complète, remaniée et augmentée des précédents volumes, et se pose comme nouvel ouvrage de référence pour les architectes et les ingénieurs. Fruit de l'expérience de deux ingénieurs et trois architectes, il privilégie cette double approche dans le but d'améliorer sans cesse la conception des ouvrages en bois. Riche de centaines de photos noir et blanc et couleurs ainsi que de milliers de dessins au trait, il présente une vaste gamme de formes et de techniques d'assemblage et de systèmes porteurs, et rassemble toutes les informations relatives aux propriétés du matériau bois et à ses possibilités d'utilisation dans le domaine de la construction.

2005, 376 pages, plus de 1000 illustrations, 23 × 30 cm, broché, ISBN 978-2-88074-602-5

Rénover le bâti Maintenance, reconversion, extension

Georg Giebeler, Rainer Fisch, Harald Krause, Florian Musso, Karl-Heinz Petzinka, Alexander Rudolphi

Assainissement, entretien, modernisation, restauration, transformation, réhabilitation, la liste des concepts liés aux interventions sur l'existant semble infinie. Cet atlas les présente toutefois de façon claire et organisée. Il définit les concepts, propose des solutions concrètes et se pose comme un outil de planification indispensable en présentant les bases essentielles des techniques de réhabilitation, tant en matière de protection contre l'incendie, de réponse aux questions énergétiques ou de gestion des polluants, qu'en matière d'usage des matériaux intérieurs ou des soins spécifiques à apporter aux monuments ou aux bâtiments techniques.

2011, 280 pages, plus de 1000 illustrations, 23 × 30 cm, broché, ISBN 978-2-88074-930-9

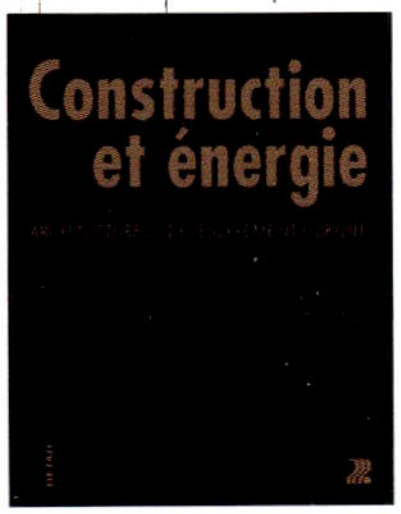

Construction et énergie Architecture et développement durable

Manfred Hegger, Matthias Fuchs, Thomas Stark, Martin Zeumer

Cet atlas, dont l'organisation est fondée sur le cycle de vie d'un bâtiment, passe en revue tous les paramètres constructifs liés à la performance énergétique et au développement durable, en se basant sur le cadre législatif engagé par la Communauté Européenne; il se présente dès lors comme un outil indispensable aux architectes, ingénieurs et designers, afin de leur permettre de construire et d'exploiter leurs constructions dans un véritable esprit d'efficacité énergétique. Un atlas aussi exhaustif qu'indispensable!

2011, 280 pages, plus de 1000 illustrations, 23 × 30 cm, broché, ISBN 978-2-88074-796-1

Construire Atlas des matériaux

Manfred Hegger, Volker Auch-Schwelk, Matthias Fuchs, Thorsten Rosenkranz

Quels matériaux de construction employer pour l'élaboration d'un bâtiment? Question cruciale pour les architectes, puisque de leur choix dépendra à la fois l'esthétique de la construction, mais aussi son usage ainsi que son architecture générale. C'est afin d'aider les praticiens de la construction dans leur décision qu'a été conçu cet atlas. Richement illustré de plus d'un millier d'illustrations, il offre toutes les réponses à leurs questions: conditions générales et signification du choix des matériaux, influence sur l'usage, la construction et l'esthétique des bâtiments, qualités intrinsèques et durabilité, normes essentielles EN, etc.

2009, 280 pages, plus de 1000 illustrations, 23 × 30 cm, broché, ISBN 978-2-88074-753-4

Constuire des façades

Thomas Herzog, Roland Krippner, Werner Lang

Elaborer des façades constitue aujourd'hui un véritable défi pour les concepteurs. En effet, la façade doit répondre à de nombreux critères, tant fonctionnels qu'esthétiques, qui sont dictés notamment par les caractéristiques des matériaux utilisés pour sa construction. Cet ouvrage présente l'ensemble des principes de planification techniques indispensables à la conception et l'élaboration des façades, ainsi que les connaissances essentielles sur la nature et l'utilisation de matériaux spécifiques tels la brique, la pierre, le verre, le bois, le plastique, le béton ou le métal. Il propose en outre de nombreuses informations utiles pour l'élaboration de façades modernes en verre ou destinées au stockage de l'énergie solaire.

2007, 324 pages, plus de 1000 illustrations, 23 × 30 cm, broché, ISBN 978-2-88074-722-0